U0864675

慎独

守心的智慧

精装版

家伟 著

时事出版社
北京

图书在版编目（CIP）数据

慎独：守心的智慧 / 家伟著 .—北京：时事出版社，2020.2（2024.1 重印）

ISBN 978-7-5195-0319-2

Ⅰ .①慎… Ⅱ .①家… Ⅲ .①个人 – 修养 – 通俗读物 Ⅳ .① B825-49

中国版本图书馆 CIP 数据核字（2019）第 271457 号

出 版 发 行：时事出版社
地　　　址：北京市海淀区彰化路 138 号西荣阁 B 座 G2 层
邮　　　编：100097
发 行 热 线：（010）88869831　88869832
传　　　真：（010）88869875
电 子 邮 箱：shishichubanshe@sina.com
网　　　址：www.shishishe.com
印　　　刷：河北省三河市天润建兴印务有限公司

开本：880 × 1230　1/32　印张：8　字数：185 千字
2020 年 2 月第 1 版　2024 年 1 月第 5 次印刷
定价：48.00 元
（如有印装质量问题，请与本社发行部联系调换）

前言

慎独二字，慎为小心谨慎，独为独自行事，合在一起即为：君子在独自一人时，也要谨言慎行。慎独强调在没有外界监督的情况下，人们要自觉地坚守道德信念，并按照道德标准时时反躬自省，规范自身思想言行。慎独是修身的要义，也是品性的最高境界。

慎独最早出自《礼记·中庸》与《礼记·大学》。《大学》中言："所谓诚其意者，毋自欺也。如恶恶臭，如好好色，此之谓自谦。故君子必慎其独也。"大意是为人要诚实，不欺骗自己，如此才能心安理得，君子独处必须谨言慎行，使其不肆意逾距。《中庸》则进一步丰富了慎独的标准："天命之谓性，率性之谓道，修道之谓教。道也者，不可须臾离也；可离，非道也。是故君子戒慎乎其所不睹，恐惧乎其所不闻。莫见乎隐，莫显乎微，故君子慎其独也。"它强调不要因为别人看不到就放松要求，也不要因为事情小就得过且过，隐秘的言行和细小的事情往往最能体现一个人的品性，不要在隐蔽细微处表现出与道德标准不相符的言行。

古往今来，无数君子先贤以慎独作为修身的标准。宋人袁采"处世当无愧于心"，叶存仁"不畏人知，畏己知"，王阳明"所谓人虽不知而己所独知者，此正是吾心良知处”，孔子以“吾日三省吾身”内讼自省，东汉名臣杨震以“暮夜无知”拒礼守节，曾国藩以“日课四条”作为其一生处世经验的总结，其中就以慎独为根本，以主敬、求仁、习劳为枝叶，强调慎独的重要作用。

时至今日，慎独并未因时移世易而失去其意义。今之诱惑更胜从前，如何在物欲横流的世界克制己欲；今之言论繁杂更胜从前，如何在不辨真假的声音中做到独立思考，不人云亦云；今之选择多样胜于从前，如何在种类繁多的选项中做到判断有度；今人之要求亦有别于过去，在社会标准越来越宽泛的情况下，如何做到不放松自己、不随波逐流……世界在变，但每个人对高尚品德的自我要求不能变。

《礼记·大学》中曾说：“小人闲居为不善，无所不至。见君子而后厌然，掩其不善，而著其善。人之视己，如见其肺肝然，则何益矣。此谓诚于中，形于外。”大意是说，那些道德修养不高的人平时爱做坏事，遇到道德修养高的人又开始伪装自己，殊不知人的内心与外表往往是一致的，内心的真诚会体现于外表，勉强伪装不过是自欺欺人。我们常说相由心生，大体也可用来解释此理。修养高者待人亲善宽容，则面目容和方正；行事潇洒磊落，则气度开合阔大。一个人的修养品性是无法靠伪造行迹实现的，只有严格地要求自己、切实地行动，才能获得。

守心莫过于慎独，慎独者言行如一、心思坦荡，故心安理得。本书以简单易懂的语言、丰富多彩的案例，从“情操”“素养”“定力”“本色”“格局”等方面，告诉读者如何在新时代以慎独规范言行、修养身心。

目录

第五章 定力：见欲而止，得失随缘

第六章 习惯：内讼自省，以正己身

第七章 本色：不屈世俗，坚定自我

第八章 行事：天下大事，必作于细

第十一章 格局：勤学深悟，丰厚体验

第一章 情操

诚意正心，高尚清明

真正有品德的人无须受人监督，他们内心深处拥有自觉性。自觉保持内心世界的高尚和清明是慎独修身的基本要求。一个人只有心正，才能意诚；只有心清，才能致远。

|001| 选择慎独就是选择完善自我

古代有个叫曹鼐的人，他在家中放置了一个大瓶子，瓶子旁边放着两袋豆子，一袋黄豆，一袋黑豆。每天，他都向瓶子里扔几颗豆子，时多时少，没有定数。

他的朋友问他："你是在收集豆子吗？"曹鼐说："我是在监督自己的心。每天，只要我做了一件好事，我就向瓶子里扔一颗黄豆；做了坏事，就扔一颗黑豆。一个月下来，我发现瓶子里的黑豆远远多过黄豆，可见我平日做了不少坏事。"

朋友领悟了曹鼐的意图，都很佩服他的自律。曹鼐坚持这种做法，半年后，黄豆渐渐变多，黑豆越来越少，他也成了远近闻名的君子。

曹鼐是明代著名的大臣，也是世人口中的君子，他以豆子为载体，观察、记录自己的行为，他的品德也在这样的监督下日趋完美。可见，对自己的品性有着严格要求并且懂得自律的人更容易进步，这就是古语说的"君子慎独"。

慎独出自《礼记·中庸》："君子戒慎乎其所不睹，恐惧乎其所不闻。莫见乎隐，莫显乎微，故君子慎其独也。"这句话的意思是说，一个人在众目睽睽之下需要保持自己的品德，在旁人看不到的地方更要坚持自己的原则，这样才是真正的君子。慎独，就是以道德为准绳，随时随地对自己的行为加以约束。

那么，慎独究竟有没有必要？如果我们每个人都像曹鼐一样，准备一个瓶子，诚实地记录自己做过的好事和坏事，一开始恐怕也会吓一跳——瓶子里的黑豆竟这样多！原来我们远不如自己想象那样品性至善，我们离“君子”还差很远。但实际上，多数人都自我感觉过于良好，不觉得自己有什么大错误；还有些人明知自己有错却害怕承认，索性对错误视而不见，并宽慰自己，反正自己并非大奸大恶，即使不小心做了坏事，也是豆粒儿大的小事，不值得特意提醒。

常言道：“勿以善小而不为，勿以恶小而为之。”一些人走在马路上，看到一个孩子摔倒，却没有停下脚步扶起，他们认为这点小事不值得自己浪费力气，这就是“善小不为”。有人在公共场合随手扔下一张车票，虽然只是一张小小的纸片，却也影响了环境的整洁，增加了清洁工的劳动量，这就是“恶小而为”。现实生活中，我们每个人都有缺点，内心深处也有原则和底线，我们很难成为事事完美的圣人，也鲜少成为杀人放火的奸恶之徒。平凡人的品性本就体现在小事上，一个人如果没有慎独意识，就很容易放纵自己的“小恶”，并且不会主动积累“小善”。

小区里搬来一对新婚夫妇，没过半个月，整栋楼的邻居都在抱怨这对夫妻。原来，夫妻俩喜欢听摇滚，每天都把音响开到最大，一直放到深夜。不管邻居如何抗议，他们依然我行我素，并说:“这是个人爱好，我们可以答应晚上 11 点以后不放音乐，其他的时候别人无权干涉。”

最后，一位老人忍无可忍地说:“别人尊重你们，一直跟你们礼貌地提意见，可你们既不尊重别人，也不尊重自己，不打扰他人是最基本的教养，这是连小孩子都知道的道理，你们还不如一个孩子明事理。”

在公共场合，有些人打电话的时候会刻意压低声音，有些人则会旁若无人地大声嚷嚷，这让人一眼就能看出哪个人更有礼貌与修养。尊重别人、为他人着想、不损人利己，这是每个社会个体最起码应具备的品德，但很多人却难以做到。这并非全然因为他们的应具备私自利，还有一部分原因在于他们缺乏自律。能否自觉依照品德行事，是慎独者与非慎独者的最大区别，慎独者无需靠人监督也能自觉保持修养与气度。

慎独是一个人的自主选择，没有人要求你的时候，你更要严格要求自己。慎独不是一件容易办到的事，它要求我们有坚强的意志，能够不被诱惑左右、不被懒惰牵制、不被蝇头小利迷住双眼。选择一条完善自我的慎独之路永远比选择放纵要辛苦，但是由慎独而来的美德却是一个人一生的财富。无论贫穷还是富有，只有在品格上做到慎独，才能成为一个顶天立地的人。

|002| 高尚的品德无需炫耀

有个女孩善良聪慧、多才多艺，很受身边人的喜爱。可是大家也发现，这个女孩有一个不大不小的缺点，那就是不论做了什么都要到处宣扬，让所有人都知道她有多么聪明、多么可爱。

这一天，邻居家的老奶奶给了女孩一盆花，并对她说："因因，我要去探亲，有几天不能回来，你能不能帮我照顾这盆花？"女孩一口答应了。

几天后，老奶奶回到家，女孩喜滋滋地捧着花对老奶奶说："在我的照顾下，它已经开花了，所有人都夸它很香！"老奶奶说："那么，这盆花有没有像你这样到处告诉别人自己开花了，让所有人来闻它的香气呢？"

女孩的脸一下子就红了，自此之后，她仍旧像以前一样热情助人，但人们再也没听到过她炫耀了。

当我们渴望关注的时候，难免会到处炫耀，这其实是心态浮躁的表现，它会暴露出你内心的不自信和虚荣。这样的做法也会让旁人产生误解：这个人做好事是否仅仅是为了拥有炫耀的资本，是否只是为了得到他人的夸赞。在这样的误解下，其品德被人质疑，而被帮助者也会觉得这种帮助掺杂了太多功利的成分，不够纯粹，难以真正感恩。

很多时候，与张扬相比，我们应该学会如何安静。安静是一种美好的姿态，它并不等于默默无闻。日久见人心，一个人拥有美好的心灵，即使他不说话、不宣传，人们也会慢慢发现他绽放出的美丽，而他的不张扬更为这份美好增加了分量。拥有美好品德的静默者也能给人留下深刻的印象，当人们回忆往事时，记忆里总会出现几张熟悉的脸孔，他们会脱口而出：“×××是个特别好的人，我一直记得他！”

珍妮永远记得18岁那年自己收到的生日礼物，那是一本粉红色的记事簿，父亲一边递给她，一边说：“这是一个备忘录，你要记下自己答应别人的事，并按记录一一做到；也要记下你做错的事，争取以后不犯相同的错误。你已成年，从现在开始，你要知道自己做了什么，不要放纵自己的缺点，也不要为自己的优点洋洋得意，这样才能成为一个真正优秀的人。”

“不炫耀自己的品德，有了错误立刻改正”是珍妮从小就受到的教育。珍妮身边的人都夸奖她善解人意，和她接触过的人都喜欢她，因为她的品性就像一泓清泉，沁人心脾。

中国是世界上有名的礼仪之邦，自古以来就极其注重对品德的培养，“温、良、恭、俭、让”代代相传，从我们记事开始，父母师长就不断对我们进行德育教育，希望我们能够成为正直、善良、谦虚、慷慨之人。

品德最吸引人的地方就在于它的无功利性，高尚的人行事既不是为了别人感恩，也不是为了能从他人处得到什么。品德不是一种手段，也不是一种工具，它来自一个人内心对高尚的需求，代表了人们对自我的最高要求。

一个人的高贵并不由他的财富、地位、相貌、成就决定，而是源自一颗高尚的心。慎独者就像不语的花，能够收敛内心的张扬。他们的品德就像静静开放的花朵，没有一丝声音，但香气却能传得很远，让所有人都知道。

|003| 主动表达善意，给予他人妥帖的帮助

大海里有一种特殊的鱼，它们没有美丽的外表，也没有灵活的身姿，却是海洋里最安全的鱼类。它们每天的工作是给海里的鱼清洁身体，吃掉其他鱼身上不洁的微生物。正是因为需要这种“美容鱼”的帮助，所以不论是凶猛的鲨鱼还是爱吃小鱼的其他鱼类，都不会找它们的麻烦。这些并没有特殊生存技能的小鱼，靠着为其他的鱼类提供便利，既让自己填饱了肚子，又确保了自身的安全。

世界上的每个人都是独特的个体，但“独”不是独自一人，人们生活在“社会”这个大环境中，不能作为个体游离于社会

之外，人与人的关系是密切的，人们在彼此的帮助下才能生存下来，进而生活得更好。所以，我们在完善自我的同时，也要与外界建立联系，我们需要他人的帮助，更要主动帮助他人。

没有哪种鱼会伤害每天帮助自己的鱼，也没有哪个人会对真心帮助自己的人心生恶意。帮助他人受益的不仅是对方，还有自己。其一，心地善良的人会得到良好的口碑，人人都不会吝惜对好心人的称赞；其二，绝大多数人喜欢与热心人交朋友，帮助他人有助于扩大自己的生活圈；其三，帮助是相互的，当你主动伸出援手，对方也会予以回应。当然，我们不能将获得好处作为帮助他人的出发点，只有发自内心、不求回报的帮助才是一根两边都甜的甘蔗，让双方受益。

托尼先生走在回家的路上，路边有一座街心花园，花园的空地上每天都有一群小男孩在玩耍，但托尼看到今天的空地不太和平，一群孩子正在殴打一个衣衫破旧的男孩。

托尼皱了皱眉，他对小孩子的吵闹和打架一向反感，他站在街边，看到那些打人的孩子带着胜利的笑容扬长而去，只剩下那个男孩坐在地上，脸被打得紫青，胳膊还流了血，于是托尼起了恻隐之心，走上前递给男孩一块手绢。

“谢谢您的好意，但我不需要！”男孩不满地看着托尼，“如果您真的想帮助我，应该在我被打的时候阻止他们。您有这个能力，只要喊一声，或者叫警察就行了。而您选择了在我挨打后给我一条手绢，一切都太晚了！”在男孩的注视下，托尼先生感到面部发烫、羞愧难当。

帮助他人有时只是一个念头，不需要理由，但帮助也需要看场合、分情况，这样合时宜的帮助才有价值。故事中的托尼显然错过了时机，也用错了方法，他的帮助对男孩而言毫无用处。反观自身，有时候我们好心好意想要帮助别人，却被别人认为多事，或许就是因为我们没有想过被帮助者真正需要什么，也没有搞清楚我们的帮助究竟是援助还是添乱。帮助他人不能仅凭一腔热血，还要能结合实际情况妥善地判断他人的需求。

此外，帮助他人还应该掂量自己的能力，要在能力允许的范围内替他人分忧解难，而不是一个劲儿地逞强，最后自己的事没完成，也耽误了他人的事，得不偿失。一个人能否帮助他人取决于是否有心，也取决于是否有实力，只有在做好自己的基础上才能有效地帮助他人。

总之，世界会因善意而变得美好，任何时候都不要放弃帮助那些有需要的人，要记住：助人者，人恒助之。

|004| 扩大襟怀，以宽容的心接纳他人

一个小和尚从外面回到寺庙后大发脾气，他的师父问："遇到了什么事，让你这样生气？"

小和尚气愤地说："今天我下山去耕田，很多人看着我指指点点，说我长得不好看，还说我干活太慢、笨手笨脚。我是个有胸襟的人，没跟他们计较，如果是个小心眼的人，早跟他们吵起来了。师父，你说那些人为什么要对我指指点点？"

师父正在喝茶，听了徒弟的话，端着茶杯，带着他走到山间的大河旁，向河里扔了一颗小小的石头，小石头没有溅起水花就沉了下去。他又向茶杯里扔了一块小石头，结果茶杯里的茶水全都溅了出来。

师父说："你不是说自己的胸襟开阔吗？那就应该像这条大河，不论投进什么东西都不起波澜。可是别人说你几句，你就生这么大的气，我觉得你的气量还不如这个小茶杯。"小和尚听后不由得低下了头。

真正有胸襟的人不会受到一点儿打击就难以忍受，而会像河流一样不去在意。越宽的河流，其容纳的广度越大，直到变成大海，所以人们说："海纳百川，有容乃大。"

世界上没有十全十美的事，想要接纳，先要容忍不完美。大地接纳树木，就要允许树木汲取自己的养分；海洋接纳鱼类，就要接纳鱼类给自己造成的污染……真正的接纳是一种包容，不但要接受优点，也要接受缺点。一个人对其他人的接纳也是如此，不但要接受别人对自己的好意，也要接受那些不经意间造成的伤害。

生活中，我们经常看到有些人斤斤计较，遇到一点儿事就抱怨个不停，经常责怪自己身边的人，仿佛全世界的人都亏欠他一样。这样的人没有气量，容忍不了别人对自己的冒犯，即使对方不是故意的，也让会耿耿于怀。这样的人把时间和精力都花费在对小事的计较上，无法成就大业。一个人的胸襟由他的接纳程度决定，一个人事业的大小和胸襟成正比，只有尽可能接纳他人，才能拥抱整个世界。

一个公司的项目经理下班后找到上司，抱怨刚刚进入公司的员工笨手笨脚，什么都做不好，他已经教了他们三个月，但这些员工仍旧没有起色。

上司耐心地听着他的抱怨，半晌才问："你说他们做事不得要领，经常拖后腿？"

"对，整个项目的进度都被他们拖慢了。"

"我想起前年你刚来的时候，用了半年时间才从生手变成熟手，如果没到半年时间我就辞退了你，现在我就失去了一个优秀的项目经理。"

听了上司的话，项目经理的脸微微泛红，他想到这几个员工都是自己挑选进公司的，这份工作从生疏到熟练本来就比其他工种更需要时间，看来是自己太过急躁，失去了包容他人的胸襟。

有时，我们难免会抱怨他人，抱怨他们的缺点，抱怨他们的某些行为影响到自己。事实上，关于他人缺点、优点的评论，更多时候是“仁者见仁，智者见智”的，每个人的立场不同，很难有一个统一的标准，抱怨他人的缺点显示的却是你的狭隘。当看到他人的不足或他人的行为影响到自己时，应该坦率地提醒对方，但更多时候则需要宽容和谅解：也许对方正在遭遇某些困难，也许对方急需你的帮助，别总是认为他人是在故意找茬。

宽容并不是一种高姿态，而是从心底里认同并尊重他人，既欣赏他们的优点，也对自己不理解的部分求同存异。懂得宽容的人才能更真切地认识他人、被他人接受；懂得宽容的人生活在一种和谐的氛围中，周围的人会因他的存在而变得温和、因他的接纳而变得自信。那些宽容的人每天都在通过接纳他人而认识这个世界，通过影响他人而改变着这个世界。

|005| 学会沉淀烦恼，保持心境清明

书店有位老人已经70岁了，他每天的工作是清洁书店、整理图书、售卖图书。来买书的客人都喜欢跟他聊上几句，因为这位老人不仅勤快，说话还很讲究，对各类图书了如指掌，和他聊天能够获得很多知识。

一天，一位年轻人好奇地问：“是不是一个人一旦上了岁数，都会像您这样看开一切，好像没有任何烦恼？”

老人摇摇头说:“这和年龄没有关系，如果你愿意，你也能做到。”说着，他拿起自己用来喝水的玻璃杯，问年轻人:“你看这个水杯没有盖子，每天不知有多少灰尘要落进去，但水却依然清澈，这是为什么呢？就是因为它懂得沉淀，它把所有的灰尘都沉到底部来保持自己的清澈。人的心灵不就是这样吗？如果执着于烦恼，心就会变成一杯浑浊的水，反之，就是一杯清水。”

年轻人听后若有所思，郑重地向老人道了谢。

人心如水，烦恼就像水中的灰尘，如果你一刻不停地思考琢磨，心灵就会像被搅拌过的水，没有半点儿清净；如果你愿意静下心，将诸多烦恼沉淀下来，心灵自然也会变得澄明。大仲马说:“人的烦恼就像一串念珠。”捻下了一颗，又上来一颗，无穷无尽，解决它的办法就是把整条念珠都沉到水底，纵然世事繁杂，我们也能保持心中的那份宁静。

人为什么会有烦恼？有调查显示，90% 以上的担忧都不会成为现实，而对于那些一定会到来的灾祸，即使我们想白头发，也无法预测出究竟哪一件会发生，还不如按部就班地生活，该想办法的时候想办法，该放松的时候放松，不要让自己的神经总是绷得紧紧的。既然该来的都会来，该走的都要走，不如放下心来，为自己留一片自在天地。

小菲有个习惯，每个星期六的晚上都不会出去玩，只待在自己的房间里，放一些舒缓的音乐，关上灯，拉上窗帘，在一片漆黑中躺在床上。

在音乐中，劳累一周的心灵得到放松，她会回想这一周自己做过的事，想想自己什么地方做得不对、什么时候太过浮躁，如此，她觉得自己的心灵就像一张揉皱的纸慢慢被音乐舒展开了。她说这是她找到的沉淀自我的方法。通过在音乐中自省，她重新获得活力，并能够以愉快的心情迎接新一周的到来。

我们常常被俗事拖累，感觉自己疲惫不堪，心灵蒙上层层污垢。自我沉淀就是一个净化的过程，它让我们看清自己，更明白自己应该追求什么。沉淀自我需要先让心灵安静下来。闹市之中，一本书、一杯茶就能让自己静下来；或者在与朋友的谈话中，我们也能够得到助益，善于聆听的耳朵能让我们得到他人的启迪与智慧。

探索心灵是最内向、隐秘的活动，维持心灵的平静就是对自己最好的呵护。大千世界，烦恼无处不在，懂得沉淀自我的人不会自寻烦恼，他们会主动寻找释放的机会。世界喧嚣繁杂，想要做到慎独，就要有强大的心灵过滤能力与心理沉淀能力。沉淀自我是让心灵保持澄澈，也是为了培养一种定性和品德。万般烦恼过，慎独者只坚持自己的坚持；历经世事变迁、沧海桑田，慎独者需心境清明，初心不变。

|006| 别因偏见而丧失公正之心

一家食品经销公司成立了五年，生意一直很好，员工的福利也不错，每年都有很多人想进入这家公司工作。可是近两年，公司领导发现一个奇怪的现象：公司人员流动特别大，半数以上的员工不到半年就提出辞职，难道是公司的管理出了问题？

经过调查，领导发现问题出在两年前聘用的经理身上，这位经理的能力毋庸置疑，他为公司拓展了不少业务，是领导的得力干将。可是他有一个缺点，就是喜欢用自己的标准要求所有员工，他认为每个员工都该像自己一样认真、有能力、有责任心，只要下属出现一丁点失误，他就会大发雷霆，批评下属不用心。

有这样一个上司，多数员工做什么都会被挑毛病，久而久之，他们觉得工作上没有成就感，只好辞职走人。

有时候，挑剔之于自己是优秀，之于他人却是无形的压力，但挑剔者却往往忽视了这一点。

挑剔归根结底是一种狭隘的完美主义思想。想要自己或他人把事情做好，过程没有疏漏，结果完美无瑕，这听上去是不错，但做起来难度系数太大。不论做什么，难免会出现各种各样的意外来打乱计划，除此之外，执行人员能力不同、侧重不同，也会使结果产生偏差，如果单凭这一点就对一个人的能力下定论，未免有些武断。

慎独者要提防武断，因为武断产生偏见，偏见一旦产生就会顽固地扎下根来，难以扭转。守着偏见的人无法看到事物的全貌。每个人都有优点和缺点，以偏见看人就只能看到缺点，结果自然是越看越不顺眼，优点也成了缺点，结果不但给别人造成麻烦，也为自己带来损失。

一家公司的经理将写好的辞呈封好，准备在下班的时候交给上司。这个月，他犯了一个决策性的错误，致使公司损失了至少半年的利润。虽然他自公司成立就跟随上司，是元老之一，但出现如此巨大的失误，他只能引咎辞职。

下班时间到了，等到下属们陆续离开公司后，经理鼓起勇气敲开上司办公室的门。上司像是正在等他，但并没有接过经理递上来的辞呈，而是请他坐下一起喝茶。上司说："对于这件事，我不能不生气，但是这些年你为公司做出许多有利的决策，给公司带来的盈利要比损失多得多，所以收回这张辞呈吧，谁都有犯错的时候。"

经理掩饰不住自己惊讶的表情，只听上司继续说道："年轻的时候，我是一个意气用事的人，经常和人发生冲突，我的父亲告诉我，每当要对一个人生气的时候，就想想对方的优点，这样才不会以偏概全，这些年来，我越来越觉得父亲的这句话是真理。所以，我不能因为一个失误就否定了你所有的价值，这不是一个明智的决策。”

每个人都曾犯过以偏概全的错误，有时候囿于自己的偏见，错看了一件事、一个人；有时候以为自己了解了事情的全貌，事实上还是个门外汉；有时候管窥蠡测，拿着一个斑点作为自己的资本，结果贻笑大方。当我们以“偏”和“不完整”来看待世界，世界也会扭曲变形，这时我们就需要端正与公正。

慎独者需要端正与公正。端正是一种为人的姿态，是不偏不斜的正直，对于一件事，知道就是知道，不知道就是不知道，不要对不理解的事情随意发表看法，也不要轻易下结论。公正是一种处世的原则，不要因为一点缺点就诋毁别人，也不要因为一些优点就盲目崇拜，把目光放大、放远，把事情的正反面看清楚，永远不要因被偏见左右而丧失内心的公正，你的眼界和心胸才能更加开阔。

|007| 拒绝虚伪，保持真实

毕业后，薛齐顺利找到了工作，但长辈们都告诉他：社会复杂，不再像在学校里那么单纯，一定要时时小心，害人之心不可有，防人之心不可无，在职场上千万不要犯傻。

这样的教训听得多了，薛齐得出一个结论：在工作中千万不能太实在。进入公司后，他在与人交往时处处计较：A有没有占自己的便宜，B有没有“踩”自己的意思……公司的同事提起他来忍不住感叹：“一个刚毕业的大学生，思想怎么那么复杂？平时一句真话没有，有事只知道打自己的小算盘。”

三个月后，自认为做人做事都老到的薛齐并没有如愿转正，因为任何一家企业都不会接纳一个为人不真诚的人。

慎独会让心灵保持一种真诚的状态。对待自己，我们需要诚实；对待别人，也不应该虚伪，虚伪的人最不可爱。暴躁的人虽然容易大发雷霆，但他们耿直实在；懦弱的人虽然难免优柔寡断，但他们温柔，能够为他人着想；强势的人虽然略显霸道，但他们做什么都明明白白、清清楚楚，让人心里有数……唯有虚伪的人，他们笑的时候，也许是笑里藏刀；他们哭的时候，也许只是在博取同情。久而久之，他们的“真”也变成“假”，他们所做的一切都无法取得他人的信任。

为人切忌虚伪。要知道，只有用真心才能换来真心。设身处地地想一想，你愿意遇到虚伪的人吗？如果答案是否定的，那么在与人交往时，我们应该首先拿出真心。

韩莉经过三年的历练后，想跳槽到一家大公司，她听说这家公司的门槛高，想进去的人特别多，为了增加自己的资本，已经结婚的韩莉在档案上说自己未婚，并在面试中表示几年内没有结婚的打算。那家大公司看中了韩莉的能力，于是录用了她。

于是，韩莉每天在办公室内装出未婚的样子，不敢和老公联系，对所有恋爱方面的话题都小心翼翼，还不得不应付男同事的追求，这种日子很不好过。

没想到半年后韩莉有了麻烦，领导意外得知了她已婚的事实，当天她就收到了解聘书。领导对她说：“公司录取你，并不是因为你单身。我们公司很注重员工的个人品德，不希望一个说谎的人继续留在公司。”听到这话，韩莉追悔莫及。

依靠虚伪的手段不能创造真实的东西，即使暂时得到，也必定无法长久。慎独者切忌虚伪，因为虚伪违背品德，品德倡导的是真实，是一种心诚意正的情操；而虚伪恰恰相反，它从不把谎言当作一回事，排斥所有真情，一切都以利益与自我为中心。

虚伪的人心累，他们生活在不安与猜忌中。我们为什么要选择这样一种生活呢？拒绝虚伪，保持真实，真实总是与理想最接近、与真理最契合。

|008| 不要吝啬对他人的赞美

一个刚刚拿到大学录取通知书的学生走进教研室，向一位女老师道谢。

女老师很疑惑，高中三年，她从未教过这名学生。学生对她说了原因，原来，这位学生的成绩在班上属于中等水平，高考填志愿的时候，她想报一所重点大学，班主任和几个课任老师都认为她填这个志愿太冒险，劝她打消这个念头，但这个学生固执己见，说自己宁愿复读也要报这所学校，坚决交了志愿单。

同在一个教研室的这位女老师虽然不认识她，但出于师者的关心，仍然鼓励她说："既然报了这个志愿，我相信你一定有实力和决心，一定会考上。"

女老师并未给这名学生提供任何实际帮助，但对这名学生来说，一句出于修养或礼貌的鼓励就是最大的肯定和信心的来源，这让她鼓起了勇气。

很多人并没有修身的意识，但他们却配得起"高尚"这个评价，因为他们愿意欣赏别人、赞美别人。他们这样做并不是为了一己之私，而是一种发自内心的自觉，是不经意散发出来的善意。

每个人都有自卑、无助的时候，每个人都需要赞美，都想听到鼓励的话语。所以，不要吝惜你的赞美，不妨坦率地说出来。如此一来，也许你鼓励了一个没有自信的人，也许你得到一个志趣相投的朋友。赞美会拉近人与人的距离，让彼此之间更加温暖与亲切。

张清是一所大学的美术教师，也是省美术协会的荣誉会员，课余他在家里收了几个颇有潜质的学生，辅导他们雕塑。

张清一直信奉“严师出高徒”，他以高标准、严要求挑选徒弟，对于没有天分的人，给再多学费也不收。对于收来的学生，他将自己毕生的知识倾囊相授，可是学生们却与他并不亲近，甚至有些怕他。

这一天，一个颇有天分的学生突然说自己不想学了。见此，张清勃然大怒，大骂那个学生不懂得珍惜自己的天分、不肯吃苦，等学生走了，张清的妻子走进房间说：“那个孩子还不到10岁，从来没有得到过你的肯定，你让他有什么动力继续学下去？也许他根本就没发现自己的天分，以为学雕塑是在浪费自己的时间。”

当晚，张清思索良久，他想到自己最小的学生才9岁，最大的不过13岁，这么小的年龄正需要师长的鼓励，一味地训斥，怎么能建立起他们的信心？第二天一早，他亲自去了那个学生家，恳切地和他长谈了一番，并说出自己对他的欣赏与期待，学生被老师的诚意打动，决定继续学下去。

再后来，张清不再随意责骂学生，而是常常鼓励他们，几个学生的兴趣越来越高，状态越来越好，后来都有了不错的发展。

慎独者容易犯一个错误：求全责备。因为他们本身具有严格的行为准则，对待他人就难免苛刻，甚至有恨铁不成钢的想法。不考虑他人的接受程度就言辞激烈地批评，往往达不到改变的目的，反而会适得其反。与其对他人加以批评，不如对他人施以赞美，以更正向的方式鼓励他人。

需要注意的是，赞美一旦说得过度，就会变成阿谀。想要赞美别人，最先要做到的是实事求是，而不是夸大其词。赞美不能太过，喋喋不休的赞美就是吹捧，会让人反感。赞美一个人还要有头脑，有时候，在人后赞美他人更能让对方高兴，不要担心那个人听不到你的赞美，任何声音都有人传递，你只需要保证自己说的话充满了真诚和善意，而不是恶意与挖苦。

当你懂得赞美别人的时候，自然也会收获他人的赞美。这个时候，一定要保持平和的心态。赞美是一种含有善意的语言，但听多了也会干扰心智。不要因为他人的赞美就变得飘飘然，更不能因此放松对自己的要求。

在赞美他人的时候，分寸要由自己拿捏，心态要由自己把握，不要吝啬你的赞美，也要有选择性地聆听对自己的赞美，这会让自己的内心充满光芒、希望和活力。

第二章 素养

自尊自重，人行有度

自尊自重是慎独修身的基础，也是我们人格的基座。它时刻提醒我们检讨自己的行为，维护自己的形象。只有懂得自尊自重的人，才能赢得他人的尊重。

|001| 别轻易打破心中的原则与底线

美国心理学家曾做过一个实验，将两辆同样型号、同等新旧程度的汽车分别放在秩序良好的A区和相对杂乱的B区，并将停放在B区汽车的车牌摘掉、车棚打开，结果当天这辆车就被偷走了，而在A区的汽车则没有盗贼“光顾”。一周后，心理学家用锤子将停放在A区的汽车玻璃窗打破，结果仅仅几个小时这辆车就被偷走了。

心理学家由此提出著名的“破窗理论”，该理论认为事物一旦有了缺口并且没被及时复原，就很容易遭到更多的破坏，变得难以修复。比如，墙壁上的涂鸦如果不及时清除，很快就会出现更多的涂鸦；在原本没有垃圾的角落放置一袋垃圾，不及时清理，这个角落就会堆积越来越多的垃圾。人的心理也是如此，我们必须警惕自己的心理防线出现缺口，不但要防止他人破坏，更要警惕自身出现惰性与疏忽。

一件物品一旦破损，会因价值的降低而被随意对待；一个人一旦自暴自弃，就会放任自己脆弱、暴躁、偏激等不良情绪，更容易走上歧途。人如果产生放弃自己的心理，首先放弃的就是自己的自尊，将不再介意旁人的看法，不再维持自己的形象，不想证明自己的优秀，他们会越来越丧失底线、越来越堕落。一个人的心灵如果出现缺口，那么在他人面前，他的德性便不再有光彩，这样的人最多得到别人的同情，而无法得到别人的尊重。

在机场，一群乘客正在焦急地等待登机，因为风雪的关系，班机一再延误，大家喝着早已冰凉的咖啡，心情越来越烦躁。

突然间“啪”的一声，一位女士手中的咖啡纸杯掉在地上。这是一位穿着华贵、戴着墨镜的中年女士，从外形上看很像某个女明星。人们不由盯着她那件崭新而鲜艳的衣服，还好，咖啡没有洒在上面。

可那位女士却很尴尬，她向周围的人道歉，在手提包里翻着什么，好不容易才找到一张纸巾，只见她蹲下身，认真地擦拭着地板上的咖啡渍，有人忍不住笑了出来，更多的人却带着赞赏的眼光看着她的一举一动。方才，他们只认为她是一个美丽的女性，但现在，他们认为她不只美丽，还很高贵，值得人尊重。

东汉学者张衡曾说：“不患位之不尊，而患德之不崇。”一个人品德的重要性远胜于他的地位。一个人的尊严不但是自身接触外界的出口，也是外界了解他最直观的平台。透过这扇窗户，人们能够看到里边究竟是光芒还是一片漆黑，是财富还是一堆垃圾。

慎独修身是一种防御，是我们对外界的防御、对自我的监督。一个注重人格的人无论走到哪里都不会做出有损人格的行为，他的品质让人肃然起敬。而那些不懂得自尊自重的人，即使他们有很好的生活、很高的地位，也得不到他人的尊敬。

修身养性是一个由来已久又常说常新的话题，现代社会赋予了它更多的含义。品德要靠我们自己去维持，尊严要靠我们自己去争取。在一个所有人都在忙碌、没有人监督你，甚至没有人要求你的社会，如何才能具备优良的品行？靠的就是一份自觉。不要轻易打破心中的原则与底线，让一举一动都折射出自尊的光芒，彰显灵魂的高贵。

|002| 用恰当的方式维护尊严

一个女演员即将参加一场试镜，如果试镜成功，她便有机会和某著名女演员搭戏，机会非常难得，所以即使试镜的角色仅是配角，她也格外用心。

试镜前，她不停地揣摩剧本。试镜中，她尽全力发挥自己的特长，力求将台词说得令人动容。可是投资商却带着嘲笑的语气说：“天呐，这个演员真糟糕，她念起台词来拿腔拿调，难道以为自己是在演话剧？还有她的腰就像水桶一样，怎么穿礼服？”

听到这样的侮辱，女演员跑进更衣室大哭了起来，这时一个人拍拍她的肩膀，女演员回头一看，正是这部戏的女主角，她刚才就坐在评审席上。

“不要哭，这不算什么。”女主角微笑着说，“你知道吗？当年我也被这位投资商嘲笑过脸上雀斑太多、头发像杂草，不仅被他嘲笑，我在其他试镜中还受过成千上万次更加严重的奚落，但我挺过来了。现在，我有资格坐在他身边，他夸我是一位天才演员，长相比任何女星都有个性。你看，人人都会受委屈，这没什么大不了的。”

慎独有时需要隐忍，维护尊严要有策略、有远见，要能忍得下委屈，不能逞一时之意气。在他人的嘲笑与否定面前，反驳无济于事，当能力不足时，我们首先要低头，才能积蓄更多的力量。所以，古代的圣人们一再告诫我们：做人要能屈能伸。想证明自己，不必急于一时，不如默默努力，到了恰当的时候一鸣惊人，让人刮目相看。

南北战争之前，居住在美国的黑人大多没有人权，特别是在南方，他们都是农场的奴隶，是主人的私人财产，每天只能在田地里干活儿。

这一天，一个农场主人正要睡觉，一个小黑奴敲开门对他说：“先生，我的父亲说您给的工钱少了一美元，他让我向您要这一美元。”

农场主不想理会这个小黑奴，倨傲地说：“我不想给，你出去吧。”

“不行，我爸爸让我必须要到这一美元！”小男孩说。

“滚出去！”农场主大怒，他没想到一个黑奴竟然敢这么大胆地顶撞他，可是那个小男孩依旧倔强地站在他面前。农场主叫仆人将孩子赶出屋子，可那个孩子始终站在门前，说什么也不走。

农场主从窗子里看着那个男孩，最后掏出钱袋对仆人说：“将这一美元交给他，他真是个顽强的孩子。”

这个倔强的黑奴孩子凭自己的勇气折服了倨傲的农场主，他没有靠山，所能依靠的只是一种不屈服的信念，信念驱使他一定要做到自己该做的事。有时候我们取得胜利靠的不是天时地利，而是来自我们内心的力量。因为不甘心，所以不放弃，因为执着，所以坚持，只要你不后退，你的对手就不能打败你。

很多人不知道，其实火山分为三种：一种是活火山，不定时发作，发作之时地动山摇，覆盖所有生命，给周围环境造成巨大危害；一种是死火山，没有任何声息，普普通通；还有一种是休眠火山，它虽然没有爆发，内部却不停地涌动着能量，使山上和周围的土地变肥沃，植物变丰茂。休眠火山往往是著名的风景区和灌溉区，因为它既有活力，又不会给人带来危害。

这很像我们心底对尊严的坚持：一个人如果放弃尊严，他就是一座死火山，没有什么变化；如果一个人总是因尊严发怒，动不动就和人发生争执，他就是一座人人避之不及的活火山；一个人如果既不放弃尊严，又懂得以恰当的方式维护它，他就如同休眠火山般既有力量，又能给人带来最大的收益。有为者善于修炼自己的内心，把对未来的热情沉积在胸中，让自己成为一座沉睡的休眠火山，他们用最恰当的方法表现自己的尊严，即使不温不火，也让人不敢小觑，这才是真正的强者。

|003| 遵循高尚的原则，维护好自我形象

公交车上，一群打扮得流里流气的高大男孩正在高谈阔论，谈话中时而出现脏字，时而有对学校和老师不恭敬的看法，一车乘客默默地听着他们吵嚷。这时，一个矮小瘦弱的中年女人站起身走到几个男孩旁边，柔声细语地说："你们知不知道这里是公共场合？"

几个男孩受到责问，立刻不满地看向女人。女人毫不畏惧，以柔和却有威仪的声音说："你们转过头仔细看看，车里有下班回家、劳累了一天的人，有害怕吵闹的老人，最重要的是还有比你们小很多的小学生和刚刚学说话的儿童，你们有没有想过自己的行为会给他们造成多么不好的影响？你们已经这么大了，难道还要别人替你们留意形象？这像话吗？"

在女人的批评下，几个男孩不再高声说话，也许他们还有些不满，但在这位严肃的女人面前，他们乖乖地坐在自己的座位上，不再吭声。

在公众场合，每个人都很注重自己的形象，这可以称之为慎独修身的“外在工程”。形象是一个人的门面，一个人要想获得别人的好感，形象的营造不可或缺。它包括人的外貌、语言，还有表情和肢体动作。外貌不论美丑，整洁的仪容最让人心生好感；柔声细语的人，总是比粗声大气的人受欢迎；夸张的大笑和摇摆让人侧目，微笑和恰到好处的肢体动作都能给人的形象加分。

良好的形象让人看着舒服，愿意亲近，而不是看了皱眉，唯恐避之不及。不过，维护形象不仅仅是为了展示给他人看，它的核心在于维护自尊。维护形象要靠自己，是自我要求的一部分，不要等到别人提醒时才注意到自己的问题。人的形象都是一点一滴建立起来的，仔细观察他人，学习他人的优点，改正自己的不足，这本身就是自我尊重的一种表现。

小明所住小区的附近有一个十字路口，白天特别繁华，晚上则十分冷清，很少有车辆和行人经过，只有红绿灯按照时间点亮与熄灭。几年前，交通路口还没有摄像头，每到晚上，特别是行人稀少的时候，路过的司机即使看到红灯也不会踩刹车，都是直接冲过马路。

年幼的小明对这件事很费解，难道在无人监督时就可以不遵守交通规则了吗？后来他发现自己的父亲也经常这样做。他把自己的想法告诉了父亲，父亲拍拍只有9岁的小明说：“我也经常在半夜的时候闯红灯，看来我的自觉性还不如你。”从那以后，不论多晚，父亲路过那个路口时都会按照红绿灯的指示行驶。

遵守规则是树立形象的基础，一个人不仅要对自己负责，尊重自己的个性，还要对他人负责，对社会负责，在遵守社会规则的基础上保持个性。遵守规则不能打任何折扣，更不能人前一个样，人后一个样。没有人会时时刻刻提醒你，不论是遵守规则还是留意形象，都要靠自觉。事事都需要别人提醒的人，长期处在被管教的状态下，他的自尊是别人教出来的，不完全属于自己，有时甚至从属于他人。

维护自我形象应该是一种自发的意识，是内心深处对自己的高标准、严要求，不仅要求自己的言行合乎教养、行事合乎规矩，还要求自己不做亏心事、不损人利己。一个好形象的建立来自内心的原则和底线，只要内心愿意遵循高尚的原则，不论是人前还是人后，你的行为都能够保持一致，良好形象就慢慢建立起来了。

|004| 尊重自己的才能，没有伯乐也要当千里马

汉武帝时期，东方朔聪明绝顶，很想得到皇帝的重用，但是汉武帝每天对内忙于治国，对外忙于征战，手下能臣名将

辈出，根本没有注意到东方朔的存在。

东方朔每天和一群侏儒住在一起，他们的工作就是逗汉武帝开心。东方朔认为自己的才能不应该被埋没，就向汉武帝写了一封自荐信，说侏儒的身高只有三尺，自己的身高是九尺，却拿着同样的工钱，如果皇帝认为自己对国家无用，不提高工钱，就请高抬贵手，放他回家。这封信看得汉武帝哈哈大笑，很快便提拔了东方朔。

东方朔用一种诙谐的方式展示了自己的存在，争取到一展所长的机会，被后世所推崇。

有些人会否定自己的才华，这种行为来自他们内心深处的自卑感。他们不相信自己比别人强，不相信自己能完成一件困难的事，也不相信以自己的能力能够得到他人的肯定。当别人还没有看低他们时，他们已经看低了自己。而自信的人则不一样，他们不甘心被埋没，随时随地都在寻找机会表现自己的才能，以引起他人的重视。尊重才能、展示才华是一个人安身立命的基础，也是尊重自我的表现之一。

唐代诗人陈子昂年轻时到长安寻求发展，那时候，没有人赏识他，也找不到人引荐他，于是他想了个办法来推销作品。他在长安逢人便说自己有一把名贵的古琴，欢迎大家都来观看。

等到观琴的那一天，宾客盈门，大家都想一睹古琴的真容。陈子昂说：“我满腹诗书，写了无数好诗，没有人欣赏，没想到大家只对一把琴有兴趣。”说完便摔碎了那把古琴，转而把自己的诗作分发给众人点评。从那一天起，陈子昂声名大噪，全长安都知道了有这么一个大诗人，他也以“前不见古人，后不见来者”等名句闻名古今。

自古以来，不知有多少人通过自荐的方式登上了历史舞台，他们珍惜自己的天赋，所以才会毛遂自荐，发出自己的声音。在多数情况下，人们认为慎独者应该像山林里的隐士一样“不食人间烟火”。其实，慎独是指一个人在品德上的完善，孔子一边倡导修身，一边周游列国，想要推广自己的理论，可见“自荐”与“慎独”并不矛盾。人的才华必须与舞台相结合，才能有观众，从而产生深远的影响。

我们都知道“世有伯乐，然后有千里马。千里马常有，而伯乐不常有”。其实这句话稍显悲观，难道没有伯乐，千里马就不再是千里马了吗？它们同样能以傲人的速度从马群中脱颖而出，关键在于它们有没有展现自己的决心。因此，你不必为没有伯乐而悲叹，没有他人挖掘，就自己当自己的伯乐。

李白说：“天生我材必有用。”我们要善于发现自身的优势，它也许是与生俱来的高智商，也许是一种有别于他人的性格，也许是跑得比别人更快的双腿，也许是一道别人无论怎样做也做不好的小菜……这些都有赖于我们自己去发现。所以，每个人都应该多尝试各种活动，接触各种事物，也许你的才华就藏在你从未留意的领域。

此外，在任何时候都不要小看自己。也许在你看来，自己的优点很少，缺点太多，但这不是你自卑的理由。每个人皆是优缺参半，我们要感激自己具有的优点，以此作为幸运的起点，发挥、扩大这个优点，并在此基础上让他人了解与赏识，相信在不久的将来，属于你的机会一定会到来。

|005| 培养强者心态，不以弱者自居

一个从小失去手臂的少年很羡慕长跑选手，他常常对人说："以后我要当一个长跑运动员，参加奥运会！"听到这句话的人看着他空荡荡的袖子，同情地直摇头。

没想到这个少年的决心异常坚定，他请求父母替他报名参加残疾人运动会。比赛前，他每天坚持练习，琢磨如何让自己跑得更快。后来他在比赛中拿到第一名，并因此进入市残疾人体育队。

邻居们都很佩服这个孩子，经常拿他做榜样激励自家的孩子："你看，他是个残疾人，却从来没有放弃自己，你这样一个健康的人怎么能不努力？"

少年听到这件事后却摇摇头说："其实我从没把自己当作残疾人，残疾不代表我是一个弱者，我一样可以成功！"

缺陷是令人苦恼又不可回避的问题，有些人肢体不健全，有些人身体有疾病，有些人心理有障碍……不论是在肉体上还是心灵上，缺失都容易让人变得脆弱。面对同样的事，有缺失的人往往比正常人离终点更远，这是一种不公平的现象，却也是不争的事实。天生的不公平很容易让人对现状妥协，降低对自己的要求，久而久之，缺失就变成他们不肯努力的借口，他们会渐渐习惯处处要别人照顾，逐渐成为一个无法独立的弱者。

如果一个人把自己看作强者，他就有可能成为强者；相反，如果一个人认为自己是弱者，处处以弱者自居，他就很难有进步的空间。

成为强者，是慎独修身的内在诉求。强者不是天生的，每个人都有软弱的一面，也有内心深处不为人知的恐惧，有人之所以让人觉得坚强，是因为他们要求自己有强者心理。与消极、常常渴望他人援助的弱者的心理不同，强者的心理是积极的，遇到事情时，他们首先想到的不是他人的援助，而是靠自己的力量去寻找解决的办法，摆脱困境。

张森在英国读高中时曾跟随一位师兄学习击剑，这项西洋运动让张森觉得新鲜有趣。他刻苦练习，经常观看比赛，揣摩高手们的一招一式，一年后，他成为学校小有名气的击剑选手。上大学后，张森兴冲冲地加入了学校的击剑社团。

这个社团里有许多击剑高手，还有人从小就练习击剑，和他们在一起，张森深深地感觉到差距。更让他难堪的是，这些人非常高傲，常常嘲笑自己的手下败将，张森就成了他们长期嘲笑的对象，时间一长，张森再也提不起兴致，连击剑比赛的报名表都不想填。

一天，当初教张森击剑的师兄来看望他，发现他不主动和他人一起练习，只是一个人在角落里击剑，于是问道："我以前告诉过你，击剑需要不断和人角斗，一个人练不出任何成果，你为什么不去找你的队友？"张森只好把自己的情况告诉师兄，师兄说："他们的做法固然不对，但你自己也有问题，他们嘲笑你时你不反驳，就是一种默认和示弱。你自己要当弱者，他们当然更要欺负你。"接下来，师兄让张森去挑战一个队里的高手，张森犹豫片刻后提起剑走到那个人面前，比赛的结果可想而知。

"继续去找另外一个，以后每天都这样做。"师兄命令张森。张森只好硬着头皮找了一个又一个队友，结果都以失败告终。可张森发现，日复一日，那些人看自己的眼神不再像以前那么轻视，也不再把他当作一个弱者，而将他看作一个不断进步的、有勇气的人。

人们在面对嘲笑时，难免会选择掩饰和退避，以此来避免冲突，但掩饰和退避正是一种示弱的表现，它验证了对方说的话，同样是一种弱者心理。在弱者心理的支配下，人们长期处在"二线状态"，不敢抗议也不敢争取，随着机会被别人抢走，他们便愈加肯定自己是个弱者，不但放弃了求胜心，连进步的可能也一并放弃，这也是一种对自己的不尊重。

真正懂得自重的人不会看轻自己，即使耳边有嘲笑的声音，他们也会昂首阔步；即使他们的实力与他人还有差距，也会相信自己有潜力、有胜利的可能。任何时候，一个人都不要以弱者自居，即使还没有强者的实力，也要有强者的心态。没有人会把懦夫当成竞争者，也没有人会小看勇敢的对手。不以弱者自居，才能给自己无限进步的机会与空间，也才能获得他人更多的尊重。

|006| 用成绩证明自己，以实力维护自尊

拿破仑年轻时就加入了军队，那时候，军队的军官们都身材高大，经常嘲笑矮小的拿破仑。有一天，一个高个子的军官和拿破仑发生了争执，拿破仑勃然大怒，拔出佩剑指着那个军官，严肃地说："我的确比你矮，但是，如果你再敢对我出言不逊，我就会用这把剑打倒你，缩小这个差距！"军官被拿破仑的气势震住，不敢拔剑应战，而是好言好语地向他道歉。

后来，拿破仑凭借实力在军队中逐渐有了名气，很多人都成了他的部下。他用实际行动证明了做将军与个子高矮没有关系，给肤浅的人上了生动的一课。

人有尊严，不容践踏。但当尊严受损时，你该如何应对？

是不分时间、场合地与侵犯者争吵，还是胆怯懦弱地回避？当尊严被挑衅，我们需要做的不是辱骂与争吵，而是义正辞严地驳斥；当能力被质疑，与其反复争执，不如以行动取代语言，以实力予以回击。

现实生活中，我们难免受到不公正对待，也曾因败于他人而产生自卑。当我们切身感受到自己的不足，总会觉得心里隐隐作痛，这是因为我们的自尊心被伤害了。每个人都有骄傲的一面，不希望自己成为失败者，不希望别人将自己看作弱者。要修补受伤的自尊，只有拿出成绩，只有实在的成绩才能有效建立个人的自信心与满足感。

一个年轻的球员被著名球队的教练看中，当他进入这个全巴西最有名气的球队时，心中充满了恐慌，因为这个球队的大部分球员都是巴西人耳熟能详的大球星。

“虽然我只是一个没有名气的球员，但是我不能被他们看不起！”年轻人这样鼓励自己。每次训练，他都比别人更用心、更努力。每次比赛，即使坐在后备席上，他的眼睛也不离开球场一秒钟。很快，球队的队员们发现了这个努力的年轻人，他从不消极懈怠，也从不贬低自己，让人不由得从心底佩服他。后来，这个球员成为举世闻名的球王，他就是贝利。

世界上所有有成就的人都曾平凡而普通，他们的前方都有无数对手，但他们懂得时时激励自己不畏强者，以更高的标准要求自己，以实力维护自尊。实力的累积有一个过程，当你由弱变强，得到别人的认可之后，你也经由历练而成为心灵上的强者。

积累实力，首先要改变的是心态。俗语有云：“江山易改，本性难移。”人们都认为，改变自己是困难的，甚至是不可能的，其实这只是一种害怕前进的借口。谁愿意承认自己的本性就是“脆弱、懒惰、不思进取、甘于平庸”的呢？所以，成功与否和本性无关，只取决于你对待困难的心态。换言之，取决于你是否重视自己、相信自己。

就像没有天生的伟人一样，没有人注定会失败，成败的关键在于你是否努力。慎独者能够战胜自己的缺点。我们最大的敌人并不是别人，而是自己，阻挡我们前进的不是外界的障碍，而是我们不够坚强的心。一个人如果能够清楚地了解自己的弱点，并想办法克服它，他就能把劣势转化为优势。每个人都不应该甘于平凡，沉溺在抱怨与脆弱中，而应该通过战胜自己扭转人生，让命运走向辉煌。

|007| 自重的生命不向死亡投降

美国作家托马斯·林奇写过一本书——《殡葬人手记：一个阴森行业的生活研究》，这本独特的书获得1998年美国图书奖，人们对它的内容感到惊奇与震撼。

这本看似阴森的书谈论的内容其实并不恐怖，作者通过殡葬这个行业引导人们思考生与死。作者在书中说，殡葬体现了生者对死者的最终关怀，殡葬人所从事的职业并不低微，他们用自己细致的工作维持了死者最后的尊严。

判断一本书是否有价值，取决于它是否值得读者思考，并为读者带来看待事物的新角度与思考的新方法。托马斯·林奇以独特的内容与优美的文笔做到了这一点，他触及了人们心底最深的恐惧和担忧——死亡。当我们死后，对任何事都无能为力，我们靠什么来继续维持自己的尊严？

正因为人们不能在死后有所作为，很多人在生前就开始为自己的后事做准备：担心葬礼不够规格的人会提前为自己准备合适的墓地；担心家人的人会事先立下详细的遗嘱……死后的事虽然不能把握，但在力所能及的范围内，人们愿意多做一点，以增加自己生命的价值，维护自己死后的尊严。正像一位诗人所说，伟大的人在出生时只是一个普通的婴儿，但在他死时，却有千万人为他哭泣，眼泪就是给死者最高的评价，也体现了死者的尊严。

有人说，不知道哪一天死亡就会降到自己头上，趁活着、趁年轻，必须多多享受。但死亡不是挥霍生命的理由，自重的生命通过一次次向死亡挑战而证明其价值。正如一个重病的人不放弃治疗、不放弃追求、不畏惧死亡的威胁，这才是自重。

出生的时候，名字是一面自尊的招牌；离世之后，当人们徘徊在你的墓地，依然会对你怀念不已。而慎独者追求的正是这种“带不走”的东西。

杰西卡曾在美国纽约州一家大医院做护士，那是她第一次接触那么多病人，特别是与那些得了绝症、即将去世的病人接触时，她的内心充满怜悯。这些病人大多是高龄老人，有些人行动不便，有些人甚至无法自理，只能瘫在病床上，接受家属或者护士的照料。在这种情况下，病人精神萎靡、仪容不整是常有的事。

然而邦德先生却和那些病人不大一样，他已经到了胃癌晚期，长期的化疗让他面容消瘦，而且因为年纪太大，他行动迟缓，有时候走路也需要人搀扶。但是每一天，他都费力将自己清洗干净，并将头发梳理得整整齐齐，他的病号服看上去干净舒服。邦德先生虽然时日无多，但他还是尽量确保自己看上去是个体面又有修养的老人。这个病人给杰西卡留下了深刻印象。

一次，杰西卡值夜班，按照规定去病人的房间查房。她发现邦德先生正要睡觉，睡觉前，他将自己的衣服叠得整整齐齐，以备明天起床时穿。杰西卡连忙放下手中的记录表，上去帮邦德先生叠衣服。邦德先生笔直地坐在床边，用低沉而礼貌的声音道谢。那一刻，杰西卡完全被这位老人折服了，在邦德先生身上，她懂得了什么是真正的自尊。自尊不只是一句口号，还是一种对自我的严格要求，即使到了生命的最后时刻，这种要求也不会打一丝折扣。

在死亡面前，一切教养、学识、魄力看起来都脆弱无力，人们没有了旧日的资本，也就很难维持旧日的习惯。但尊严是这样的：当你有实力、有条件时，不费吹之力就可以维持；当你没有实力、缺乏条件时，费尽心力也要维持，即便结果不理想，也好过直接投降、中途放弃。

有人问：这样苛求自己是否有意义？一个人忍受病痛就已筋疲力尽，如何还能让自己像往常一样？他们应该没有这份精力。其实没有人会要求一个病人像正常人一样坚强，也没有人会要求一个将死的人保持形象，他人会给予病者关心与帮助。但维护尊严是你自己的事，既要接受别人的帮助，也不能放弃自己的努力。

不向逆境和死亡投降、在任何时刻都尽力维持尊严的人，即使容貌落魄、衣衫褴褛，也会给人心灵上的震撼，让人发自心底地敬佩，这就是尊严的力量。

|008| 尊重他人，就是尊重自己

茱蒂接到远在芝加哥的姐夫的邀请，去参加一个大型聚会，这个聚会也邀请到很多名人，其中就包括茱蒂特别喜欢的

几位棒球运动员。茱蒂像小粉丝一样准备好彩色签名板，想找机会得到偶像们的亲笔签名，或许还能得到几句对自己的鼓励。

在宴会上，大家都在交谈用餐，茱蒂不好意思拿出签名板，也没有勇气上前和几位偶像问好。直到宴会结束，茱蒂才鼓起勇气，抱着签名板等在一位球星的车子旁，那位球星的司机热心地告诉茱蒂球星何时会出来，还回答了茱蒂许多小问题。等到那位球星出了会场，看到茱蒂，便欣然签下了自己的名字。

茱蒂开心地看着签名板上的字迹，一阵欢喜，随即，她将签名板递到司机面前说："请问，您能不能帮我签一个名？"司机惊奇地说："可是，我并不是名人啊！"茱蒂认真地说："您这样热情友好，我希望得到您的签名。"这似乎是司机第一次被人要求签名，他害羞地笑了，还是满足了茱蒂的要求，看得出，他的心情比茱蒂还要愉快。

慎独修身是一个内在的过程，却反映在一个人如何对待外界事物上，如何维护他人的尊严也是慎独修身的重要一课。在人与人的相处中，尊重自己固然是重要的，但不能忘记他人也和我们一样，都有自己维护尊严的方式，你应该理解别人对自尊的坚持。当你希望别人尊重自己，首先要学会理解他人、尊重他人。

什么是对他人的尊重？这恐怕没有统一的标准，不同的人有不同的回答。尊重是平等的、善意的、求同存异的，真正的尊重与一个人的身份、地位、外貌、年龄等无关，它只是对

生命本身的一种承认、一种肯定。

懂得尊重他人的人，不会用刻薄的语言评价别人，不会以恶毒的想法揣测别人，更不会在别人失意、落魄时显得志得意满。换言之，尊重是一种换位思考，考虑的是对方的感受。

战国时，赵国有两位能臣，一个是“完璧归赵”的蔺相如，另一个是“赵之良将”廉颇。蔺相如从前身份低下，靠着机智与计谋，在强大的秦国面前维护了赵国的尊严，官职高过负责守卫国家的廉颇将军。廉颇认为蔺相如只有口舌功夫，怎么能比会使真刀真枪、出生入死的自己更有地位？他扬言，见了蔺相如一定要当面羞辱他。

这件事传到蔺相如那里，他就尽量避免与廉颇见面，远远看到廉颇的马车，就命人避开另寻他路。他对别人说：“秦国之所以不敢对赵国出兵，正是因为有我和廉将军，我不能因私事与他争吵而耽误国事。”廉颇听闻此言后惭愧不已，便背着荆条去向蔺相如请罪。从此，他们成为刎颈之交，这件事也在历史上被传为美谈。

廉颇之所以惭愧，在于他认为蔺相如的人格比他更加高尚，在不被尊重的情况下仍然能尊重他人，这就是一种修为。在现实生活中，我们不能约束他人的行为，也不能左右他人的思想，人与人之间相互了解总是存在一定的偏差，即使双方都是品德高尚的人，也可能因意见分歧而互有微词。这个时候，尊重就显得至关重要，因为尊重代表的也许不是对对方观点的认同，而是自己友好的态度和希望沟通的意愿。当人们愿意为大局退让一步，或者愿意为彼此的感受而克制偏激情绪时，很多矛盾就在相互尊重中化解了。

尊重他人就是尊重自己。当你真正了解一个人、接受一个人后，你会发现每个人都有可爱的一面；当你尝试以尊重的方式与人沟通后，你会发现偏见和误解并不难消除与化解。与人为善本就是自我要求的一个方面，尊重别人的性格、习惯、奉献，你得到的将是他人真诚的目光、善意的回应以及积极的认可，甚至还有珍贵的友情、完美的爱情和令人感到温暖的种种回忆……

第三章 品行

不欺暗室，不欺于心

信誉是君子之德，是为人的根本、立世的根基。任何时候，一个不欺骗、不虚假的人，都会获得他人最诚挚的敬意。不欺暗室是慎独修身者的处世原则，只有拒绝谎言、信奉真诚，我们的心中才能有一片晴空，看旭日普照，观万物光辉。

|001| 诚实地面对内心，不欺人与自欺

三国时期，曹操的军队因军纪严明而受到百姓的称赞。曹操平日很注意自己的行为，也懂得约束自己的部下。在一次行军途中，曹操发现麦子熟了，就命令部下一律不许让马匹踩到庄稼，违者斩首示众。

有一天，曹操的马受到惊吓，误闯进一片田地，踩坏了田里的庄稼，曹操立即表示要对自己执行军纪，他的部下们劝他："您是军队的主帅，怎么能自杀呢？"曹操就用剑割下自己的头发，对部下们说："身体发肤受之父母，我割掉头发代替自己的首级，以作惩戒，希望你们继续约束自己的行为，不要犯和我一样的错误。"将士们都对曹操的行为称颂不已。

坦诚错误既是一个人对信用的坚守，也是对自己和他人负责的表现。面对错误，人们有时习惯原谅自己，想出种种办法掩饰，不但欺骗别人，还对自己进行心理暗示，久而久之，谎言便成了真理。但谎言早晚会被揭穿，那些被欺骗的人会因此愤怒，会对骗自己的人产生不信任感，这不仅不利于人际关系的展开，更不利于个人的发展和良好形象的建立。

比起欺人，自欺是一种更可怕的行为。当自欺成为一种

强烈的心理暗示，人们就会相信这是事实，从而错误估量自身的能力或现实的情势，陷入自负的状态。就像一个还没有拿到牌照的司机总是认为自己的驾驶技术很好，在无人的道路上试了几次感觉还不错，便冒失地上了马路，结果发生车祸，伤人伤己。不管有意还是无意，自欺造成的后果远比被欺骗严重。

一个女员工经常请病假，其他员工对此很不满，于是经理决定找这个员工谈话。

经理在大家下班后，留下了这个女员工，对她说："这个月你已经请了5次假，不知道你生了什么病，这样严重。"女员工满不在乎地说："我的确生病了，难道生病不能请假吗？"

"当然可以，"经理平静地说，"但你也是公司的一员，遵守公司的规定是你的义务，现在你的工作正由其他员工无偿承担，这样对其他员工来说很不公平，并且如果因为你误工而耽误了整个项目的进度，影响了他人的奖金，你能安心吗？生病与否，你可以骗得了别人，但能骗得了你自己吗？希望你能好好想想。"

也许女员工从来没有被人这样训斥过，脸上一阵红一阵白的。后来，她请病假的次数越来越少，渐渐地改掉了这个坏习惯。

承认自己的谎言，承认自己曾经的失误，需要勇气和魄力，更需要智慧，只有意识到谎言骗的是别人，害的是自己，才能真的拒绝说谎的坏毛病。

一些人为什么会欺骗别人？因为他们不够优秀。为什么会欺骗自己？因为他们不够自信。谎言在多数情况下只是拙劣的借口，让一个人陷入自欺欺人的泥淖中并长期畏缩不前。谎言也许可以让你暂时得到解脱，但它不能为你铺开前进的路。想要获取真正的安全感，只能凭借真诚。

慎独者不姑息自己的错误，慎独的本质在于内心的诚实与客观，唯有如此，才能以最公正的眼光观照自身与外界，获得发展与进步。面对他人，我们也许可以有所保留，但不论在任何时候，面对自己的心，我们一定要诚实。

|002| 信誉是一切价值的基础

商菁是一家公司的广告策划，她和同一个部门的李玉关系不错，两人经常一起吃饭逛街。一次，公司让设计师们参加省内的一个大赛，设计得好的方案能够拿大奖，还会成为公司的重点项目，商菁和李玉为此日夜赶工。上交方案之前，公司有一个内部审核，李玉说了自己的方案，商菁听了大吃一惊：李玉的方案怎么和自己的一模一样？难道李玉偷看了自己的电脑？

在没有证据的情况下，商菁只好对上级说自己考虑得不成熟，放弃这次竞标，李玉得到了这个大奖。可是到了做项目的时候，关于很多细节李玉都拿不出具体的实施方案，商菁则向上级提了很多合理建议，上级越听越觉得奇怪，怎么商菁反而对这个方案更熟悉？

经过调查，公司发现李玉的方案是从商菁那里顺手牵羊来的，李玉被炒了鱿鱼，她的名声也在设计圈一落千丈。

君子待人以诚、立世以诚。诚信是一笔财富，它无形无影，却在我们很小的时候就开始积累了。在我们尚不知事时，父母就反复教导我们："为人要有诚信，不要拿别人的东西，答应别人的事一定要做到。"这些朴实的道理往往伴随我们的一生，因为诚信是一个人最基本的品质，一个人的信誉一旦出了问题，生活中的一切都将受到极大影响。

举例来说，一个人偷窃一次，给人留下了不好的印象，今后只要发生盗窃事件，人们第一个怀疑的总是他，也许这有失公平，但这就是人的惯性思维：小偷小摸说明一个人品质不好，而品质不好的人，很容易再犯错。想要自己的形象不贬值，最好的办法是永远不要有第一次。只要坚持原则、不贪不占，保持信誉就不是一件困难的事。

一家超市开业不久，这条街上原本已有两家超市，新开的这家显然没有多少竞争力。老板是个乐观的人，他说："大家做生意不过是为了吃口饭，都一样，童叟无欺最重要。"

这一天，进货员向老板检讨：他因为贪便宜，进了一批质量不好的火腿肠，虽然肉质没问题，但味道远远不如市面上的其他牌子，而且包装和实际口味严重不符。老板说：“既然不能退货，我们也不能把次品卖给顾客，这样吧，挂个牌子说明情况，然后半价销售。”

“这样的话，我们会亏损一大笔钱！”员工哭丧着脸说。“没办法，生意人不能失去诚信。”老板回道。第二天，那批火腿肠果然以半价上架。

火腿肠一直没有卖完，超市的生意却越来越好，街上的人因此事都看到了老板的为人，相信他卖的东西一定货真价实。很快，这家超市的营业额便超过了其他两家。

常言道：立业先立德。一个人想要成就大事，品德是根基，只有在这个基础上才能树立良好形象，让同伴信任，让客户信服，让对手敬佩，而最基础的品德就是诚信。现代社会注重信誉，考试作弊几次可能被退学，信用卡拖欠几次就会有信誉污点。一个人如果连小信誉都不能保持，人们一定无法相信他能树立大信誉。

正因如此，不欺不诓才成为慎独修身的一部分，一个人不能只对自己诚实，也要对他人如对己般诚信。人的信誉就像一张存折，有些人有巨额“存款”，直接构成强大的人际影响力和社会影响力，人们在尊敬他们的同时，也愿意与他们合作。有些人的“存款”不多，但只要从现在开始努力，就能够逐步累积，让他人一点点地接受。还有一些人的“存款”为负，他们总认为欺骗是做大事的前提，却不知这样反而毁了自己，所以，我们要时时注意自己的信誉，不要给自己的人生留下遗憾。

|003| 不以谎言作为晋升的工具

从前有个南郭先生，不学无术，却有点歪脑筋。他听说齐国的齐宣王喜欢听人吹竽，而且喜欢听几百个人一起吹竽，就拿着竽到了齐国，对齐宣王说自己技艺超群，齐宣王就命他在王宫里当乐师。每天，南郭先生混在几百人中，装模作样，享受着乐师的待遇。

不久，齐宣王去世，他的儿子齐湣王继位。齐湣王也喜欢听人吹竽，不同的是，齐宣王喜欢听合奏，齐湣王却喜欢听独奏，他命乐师此后都要挨个单独吹给他听。南郭先生听说这件事后，连忙卷起铺盖逃出齐国，这就是成语“滥竽充数”的由来。

老一辈的人经常教育小一辈的人：没有金刚钻，别揽瓷器活。凡做事前要估量自己的能力，能做就做，不能做就暂时别做，如果靠谎言得到自己无法胜任的工作，爬到不适合自己的高度，接踵而来的考验也一定会让你喘不过气来。谎言的雪球往往因需要维持假象而越滚越大，以谎言作为捷径而达到目的人必定也会被谎言压垮。

哲人说："谎言是毁灭的开始。"一旦说出一句谎言，就要用 10 句、20 句谎言去弥补。与其与谎言为伴，不如真实一点、坦荡一点。言行如一是做人的境界，也是慎独者的追求，这样的生活才实实在在，那些习惯时时提防、事事说谎的人活得最累。

门德尔松是 19 世纪著名的音乐家，他的才华轰动了整个欧洲。有一次，维多利亚女王邀请他去白金汉宫做客，门德尔松受到隆重的接待。为表谢意，他在宴会后为女王演奏了几首曲子，其中一首让女王听得如痴如醉。

一曲终了，女王和其他宾客都对此赞不绝口，门德尔松连忙说："各位，你们听到的这首曲子并不是我作的，而是我妹妹的作品。"

众人听了更是惊讶，门德尔松解释道："我家是一个古老的家族，不允许女人用自己的名字发表作品，所以我妹妹的作品只好以我之名发表。"

在座的人听后恍然大悟。门德尔松不欺世盗名，也不掠他人之美，这种品德受到广泛的赞誉。

有时候，谎言能够为人们提供便利，这里所说的谎言不只是谎话，还包括一切欺骗和隐瞒的行为：考试作弊，不需要用功就能拿到理想的分数；建筑商使用劣质材料，能够大大减少房屋的成本；犯错时用谎言掩饰，可以减少自己受到的惩罚……谎言无处不在、无时不在，只要人们愿意，总能找到以最小的投资获得最大利益的谎言。然而，我们却不能纵容自己使用谎言。

谎言之于他人，是身心的伤害，这份伤害最大可危及生命；谎言之于自己，是终会被拆穿的噩梦，人们也许会在短时间内被蒙蔽，但终究无法长久，被骗的人会愤怒不已，这份愤怒足以毁掉说谎者多年来苦心经营的形象及事业。

慎独者提倡诚实，不以谎言作为晋升的工具。与其让谎言的雪球越滚越大，不如用真话铺一条平坦的道路，良好的品性永远比杰出的成绩更令人赞赏。

|004| 闲谈不搬弄是非，谣言不予以理会

一家公司的人力资源总监年底会给董事长一份材料，上面详细记录着每个员工在这一年的表现，并以“可升职、可留用、建议辞退”给每个人做出评价。这位总监眼光老到，几年来一直没出过岔子，董事长对他信任有加，可今年董事长看到“建议辞退”名单上的一个名字时，不禁露出困惑的神色。在他的印象里，这个员工今年年初进入公司，业绩出众，是个不可多得的销售人才。

总监亲自对董事长说明了原因。原来，这个员工的能力的确比一般人强，但他有一个毛病，就是爱打听和传播小道消

息，爱搬弄是非。他刚来的时候就挑拨同事关系，过了几个月，大家渐渐认清了他的为人，谁也不想与他合作。总监认为，这样的人是团队中的害群之马，即使再有能力也不能留下。董事长表示赞同，果断辞退了这名员工。

不论在哪里，一个少说话、多办事的人永远强过那些多嘴多舌的人。一个热衷于搬弄是非的人即使能力再强，也得不到他人的尊重和喜爱。谁人身后不说人，谁人身后不被说，但一定要“说”得有原则、有分寸。无原则地乱说是造谣，没分寸地议论是挑拨离间，这两者都不是慎独者该有的行为。

是非有时候就像鸡毛，一旦把它们抖在风中，就再也捡不回来，它们会传得越来越远，造成极坏的影响，即使那个抖鸡毛的人有心补救，也只会越抹越黑，让他人越来越津津乐道。所以，哲人才告诫人们一定要远离是非。是非给卷进去的人带来了无限烦恼，慎独者不能做抖落鸡毛的人，那么当鸡毛粘身时，又该如何自处呢？

唐女士是一家公司的高层管理者，她为人公正，很受下属信赖，不论别人在她耳边打什么样的小报告，她都不会偏听偏信，一切以事实为依据。一次，总公司派来一位领导，这位领导不满意唐女士，经常在背后表达一些不满，在公司闹得沸沸扬扬的。平日和唐女士关系较好的几个员工为唐女士打抱不平，她却说：“谣言就是谣言，你越理会，它传得越快，你不理会，没多久也就听不到了。”

过了一段时间，那位领导深入了解后发现唐女士为人正直，便向她道了歉。其他员工看唐女士处世淡然，一说起谣言的时候，自己都觉得无聊。谣言果然如唐女士所预料的那样，渐渐平息了。

谣言就是这样，你不理它，它很快就没有市场，你越和它较劲儿，它越猛烈。对付谣言最好的办法就是冷处理，不用解释太多，让时间来证明一切，让事实来说明一切。只要坚决不理睬，谣言便始终损害不到你，谣言便只是谣言罢了。

常言道：是非终日有，不听自然无。我们无法管住他人的嘴，只能管住自己的头脑和心。是非不过是人们日常闲聊的谈资，我们又何必和计较，让自己受到伤害？如果我们想要做更重要的事，就要学会不为细枝末节浪费时间，有些事你解释了也没用，还不如用行动来证明。

谣言止于智者，慎独者不会做搬弄是非之人，当他们听到关于他人的谣言时，不会兴致勃勃地去打听。一切谣言都不可轻易相信，如果你不方便反驳，至少要做到不参与。随着历练的增多，你就能够分辨出什么是谣言、什么是真相。那个时候，你才能明白什么人可信、什么人不能深交。

|005| 少一些虚假套路，与人交往重在真诚

张丽和肖强同是公司的王牌销售员，二人业绩旗鼓相当，但这也正是让人跌破眼镜之处，因为两人从个性到工作方式，相差十万八千里。

张丽是一个精明的姑娘，她做销售的要诀就是“全面调查，重点出击”。在谈合作之前，她会把客户的脾气、喜好、家庭情况，甚至平时爱去哪家健身房都打听得一清二楚，然后投其所好，先与客户做朋友，然后才开始谈合作，即使合作谈不成，张丽也会把对方当成朋友看待，时常与对方联络感情。

然而，肖强一副呆头呆脑的模样，他只会一心一意傻干。对客户，他会一而再、再而三地与对方商谈，不管被拒绝多少次，他都能越挫越勇，直到客户被他的诚意打动。而且，肖强看起来傻乎乎的，却让人觉得这种实心眼的人值得信赖，他带来的产品就是品质的保证。

张丽和肖强的销售方式截然不同，却有一个共同的特点：他们对客户充分表达了自己的真诚。

生活中，人与人个性不同，爱好千差万别，交流的难度由此产生，如何才能与他人保持良好的关系？如果你换位思考

一下，问问自己想有一个什么样的合作者，就不难理解他人会对你有什么样的期望。与人交往时，我们都希望对方性情平和、通情达理，在自己有困难时，能够及时地帮助或体谅。这其实都是真诚待人的表现。

慎独者排斥虚假，提倡真诚。真诚是交往的首要条件，以诚待人的人无论何时何地都能受到他人的欢迎。

一位外国游客趁着打折，在伦敦的一家商场购买了一套新型厨具带回国，回到家才发现这套厨具少了一个重要的组件。这位外国游客非常愤怒，她没想到一家大型商场竟然会犯这样的错误，难道因为自己是游客，他们便如此怠慢？她决定写一封邮件申诉这件事。

没想到打开邮箱，一封来自那家商场的邮件便赫然在目。邮件里，商场负责人真诚地向她道歉，并解释说当天理货的时候发现了多余的组件，连忙调查了当天购物的所有顾客，想要联系她，却发现她已经离开伦敦，电话也打不通，不知留下的这个电子邮箱能否使用，并希望她提供家庭住址，商场将尽快寄来缺失组件。

看完这封邮件，游客的火气消了一半。没过几天，组件就寄来了，还有一套为了表达歉意送上的厨具。此后，这位游客逢人便夸这家商场，还把这件事发表在互联网上，以期让更多人了解到这家商场真诚负责的态度。

真诚是人与人交往的润滑剂，是建立良好口碑的有效方式。只要你足够诚恳，坏事也完全可以变成好事。现代人经常为人与人之间的矛盾头疼不已，这个时候，真诚的交流就显得更重要了。一个人若能够摆正自己的心态，拿出解决问题的诚意，了解对方的需要，愿意为对方的利益做一些让步，矛盾常常会迎刃而解。

真诚待人并不是一件难度很大的事。多数时候，只要你不危害旁人的利益，不伤害他人的自尊，就是一种真诚的表现，如果能进一步，在困难的时候给予鼓励和帮助，增加良性互动，则更能增进双方的感情。真诚待人要学会为他人考虑，考虑他人的利益、他人的感受。只要把对方放在心里，真心为对方着想，日久见人心，对方一定会感受到你的心意的。

|006| 信任一个人就是帮助一个人

鲍勃警长最赞同的就是“无罪推论”，他告诉手下所有警员在办案时要怀疑一切，但在生活中不能犯职业病，要相信他人，因为很多时候，你相信一个人就等于帮助一个人。

鲍勃警长小的时候家里很穷，他从 7 岁开始就在外面打零工，那时工钱是以月为单位支付的。有一个月末，鲍勃马上就可以领到一笔薪水，商店的师傅却突然说他偷了店里的东西。

事情的经过是这样的：头天晚上，师傅整理完货物之后先离开，店里只剩下鲍勃负责打扫，但第二天一早就发现一件货物不见了，这件货物并不贵重，师傅认为是鲍勃贪小便宜拿走了，鲍勃百口难莫辩。店员们都是很诚实的人，他们表示不愿意和一个小偷共事，希望老板辞退鲍勃。

想到就要失去工作，而且这份工资是他下个学期的学费，鲍勃急得快哭了。这时，老板认真地看着鲍勃，对店员们说："鲍勃这个孩子平时不爱说话，但他本性很好，我相信这件事不是他做的。"就这样，鲍勃保住了工作。多年后，鲍勃依然不知道究竟是谁拿走了货物，但他一直感激老板对自己的信任。

生活不是办案，可以时时存证。在法庭上，即使你以人格发誓没有犯罪，你依然有可能会被定罪，证据远比起誓更有说服力。而在生活中，很多时候，人与人之间建立信任仅凭一种感觉，"相信"这件事具有极强的主观性，没有人能为谁的人格打保票，你只能做好自己，选择你愿意相信的东西。

在这种情况下，"信任"就变得更加珍贵。被相信是幸福的，不被信任的人是孤独的。信任可以成就一个人，因为一个人一旦有了他人的信任，行为就有了无形的约束，为了不辜负他人的期待，为了不失去自己的尊严，他们会比过去更加努力，所以信任是一种强大的力量。

欧阳老师最近遇到一个棘手的学生，这个学生叫吕斌，刚从其他学校转来。他是附近有名的不良少年，经常和同学打架，父母都在国外，无人管束。

吕斌才转来三天，就有好几个学生过来告状，于是欧阳老师找吕斌谈话，希望他能借转学这个机会改变自己以往的形象，努力学习，考上一个好大学。欧阳老师是一个有威信又一心为学生考虑的老师，他的话让吕斌很有感触，吕斌保证一定会努力改掉往日的坏习惯。

没想到第二天，吕斌故态复萌，打了一个学生。欧阳老师赶到现场，看到吕斌一脸不驯，并没有立刻指责他，而是对他说："我相信你昨天的保证是真的，也相信今天你这么做有你的原因，你愿意对我说说吗？"

吕斌这才说："今天数学考试的卷子发下来，最后一题班上只有两个人做对了，其中一个人就是我，他们都说我抄袭了别人的答案。"欧阳老师说："我相信你不会做这种事，无故怀疑是他们的错，但打人是不对的，你觉得呢？"吕斌沉默良久后说，"不论是在以前还是现在的学校，老师和同学都不肯相信我，只有您不同，为了您的这份信任，今后我会改改自己的脾气。"吕斌果然守信，从此再也不和同学打架，毕业的时候，他已经是全学校公认的优秀学生。

欧阳老师对学生的信任不掺杂其他成分，只是一种单纯的对学生人格的理解和赞同，他没有随意指责打架的吕斌，而是在相信的基础上询问原因，从而使长期得不到尊重和信赖的吕斌在这样的关爱下，由一个不良少年变成人人夸奖的好学生。可见，当你全心全意相信一个人的时候，那个人也愿意全心全意地成就你的“相信”。

信任是感情存在的基础，只有你愿意放下戒备、放下成见，打心底里相信一个人，那个人才愿意对你撤下心防，向你敞开心扉。

第四章 理智

杜绝放纵，克服侥幸

我们在评价一个人是否成功时，选用的标准往往不是他获得的成绩，而是他是否战胜了自己。人有姑息自己的天性，但面对人生的困境，我们不能放纵自己，更不能有侥幸心理。战胜自我是慎独修身重要的一课，它预示着舒适停滞与痛苦前行的角力，也预示着进步和美好的前景。

|001| 规则不是阻碍，享受规则下的自由

羊群每天被牧人管束，被牧羊犬驱赶。它们早晨上山吃草，晚上列队回家，每一天都在重复这个过程。终于，一只绵羊再也无法忍受，它对同伴们说："我们生活在压迫中，没有任何自由，我们的世界只有一座吃草的山和一个睡觉的窝，连其他地方是什么样子都不知道，难道这就是我们一生的命运？"

绵羊们决定离家出走，在一个漆黑的夜里，它们悄悄地逃出了栅栏。它们第一次体会到没有牧人的呵斥和鞭子、没有牧羊犬的警告和咆哮的生活，想怎么跑就怎么跑，想在哪里吃草就在哪里吃草，它们终于知道了什么是"自由"。

可没过多久，它们听到山那边传来野兽凄厉的叫声。寒风吹来，它们觉得冷，只能缩在一起。它们看不到回家的路，又害怕被猛兽发现，只能祈祷太阳尽快升起，主人和那只勇敢的牧羊犬能尽快找到它们。

想要得到自由的羊群选择在一个黑夜离开羊圈，可当它们真正接触到外面世界的黑暗与危险时，才终于懂得牧人和牧羊犬的可靠——牧人和牧羊犬的确限制了羊群的生活，但也保证了羊群的安全。生命安全是一切 的前提，不能生存就谈不

上自由。

长期以来，人们对自由有一种误解：违反个人意志的事都是干涉了自由，只有事事顺从自己的心意，才算是真正的自由。这种理解其实是对自我的放纵。当一个人对自己缺乏要求，不理会他人的管束，随心所欲地做想做的事时，这个人就如同“野马脱缰”，也许它能享受到驰骋的快感，但如果它刚好在悬崖边，这份自由就会要了它的命。

谁能保证自己的心始终远离悬崖？谁又能保证面对诱惑时始终能无欲无求？多数人放任自己的结果都是生活越来越糟。生活处处有心灵的悬崖，我们小心翼翼地遵守某种道德、某些规则，不是在强迫自己，而是在保护自己。慎独也是这样一种保护，它看似为心灵增加了种种束缚，为行为规定了条条框框，其实也是在确保我们不迷失方向，这种约束与自由并不冲突。

最近移居到新城市的晨晨，每天都会在朋友圈里发布若干街拍的景色。照片中那些繁华的闹市、幽静的公园、一栋栋简单又不失特色的私人住宅，让看到的人无不赞叹：“你住的地方太美了，一点儿都不杂乱，看上去像一幅画。”

闻此，晨晨对朋友们说：“你们看我住的地方像一幅画，却不知道我们这些住在‘画’里的人有多辛苦。比如，我现在住的地方就在一个著名旅游区附近，当地政府有规定，为了市区的美观，一律不准在院子里或房顶上晾衣服。衣服从洗衣机里捞出来后直接放进烘干机。想晒被子也不行，我刚来的时候还曾因晒被子而收到罚单。”

“想要美丽，能不付出代价嘛！”朋友们纷纷打趣道。

真正的自由需要遵守一定的规则，否则就无法达到预定的目标，就像做数学题必须遵守加减乘除的法则，不然就别想得到正确的答案。人们经常说到“创新”，但创新不是胡来，它是在常规基础上的飞跃。能够创新的人，都在常规中不知摸索了多少时间才找到创新的突破口，以常识为基础的飞翔，才不是胡思乱想。

有时候，我们会觉得身边的规矩束手束脚，希望能放开手脚，没有那么多的限制，但这样的自由很容易变成放纵。就像一个喜欢吃糖的孩子，如果不对他吃糖的数量和次数加以限制，他很快就会长满蛀牙，疼痛难忍。放纵的结果往往超出我们的承受能力，从这个意义上说，限制也许会使我们感到不舒适，但不约束带来的后果往往不是我们能够承受的。

不要把所有令自己不快的东西都视为“不自由”，也不要将种种失败或苦恼的原因归结于制度与规则，看透事理、明辨是非，不将制度和规则视为阻碍，你才能获得真正的自由，并且这种自由是安全的、愉悦的、没有负担的。理性认清自由与规则的关系，你的心胸才能越来越开阔，接纳的事物才能越来越多。

|002| 战胜拖延症，从现在开始

樱子想学做蛋糕，她买来烤箱、模具、面粉、黄油、量杯等，却发现做蛋糕是一个既需要耐心又需要时间的细致活儿。她告诉自己，反正工具材料都已经买了，等到有时间的时候再做也一样。就这样，直到面粉发霉，她也没能亲手尝试完整地做一次蛋糕。

对樱子来说，这种事不是第一次了。小时候，她吵着要学小提琴，只学了两年就因太辛苦而放弃。此后，学打网球、学织毛衣、学画画，每次都是买好工具，然后就因“现在我有更重要的事要做，过几天再说”等诸如此类的借口而搁置。就这样，日子一天天过去，樱子的家里摆满了各种工具。看到这些工具，别人都以为她是一个有生活情趣的女孩，只有熟悉樱子的人知道，她只是一个拖延症患者罢了。

拖延是一种习惯，当习惯拖延者做一件事时，他们首先想到的是把它推后几天、几小时、几分钟，总之他们绝对不会立即行动。

拖延的过程一般是这样的：想做一件事，甚至做了一些准备，然后开始找借口，这些借口可能是还没做好准备（包括

客观准备和主观准备），也可能是另一件事更值得做，抑或是还要仔细考虑一下……总之，他们会想尽一切办法不去行动。习惯于一拖再拖的人，拖到最后只剩恐惧，因为他们知道即使现在去做也来不及了，不会有任何结果。一件事从开始到结束，他们投入的是想一想、看一看，而不是做一做，他们经常错过时机，追悔莫及，然后再次拖延，形成恶性循环。

一个对自己有极高要求的人，绝不能坐视拖延习惯无限制地发展下去。明日复明日，明日何其多？如果只顾贪图一时的安逸，把所有事都拖到明天，把所有计划都放在明天，把所有努力都寄托于明天，那么结局只能如诗中所说的“万事成蹉跎”，既蹉跎了自己的生命，又浪费了自己的青春。

乞丐对神仙祈祷，希望能得到好的生活，神仙可怜他的处境，便对他说：“明天早上你去到河岸边，那里有一条船，你划船去对岸，岸上有一棵桃树，你把桃子摘下来拿到集市卖。那都是世间难得的珍贵桃子，你会因此成为一个富翁。”

第二天傍晚，神仙准备收回那条船，却发现乞丐呆呆地坐在岸边看着船，不知在思考什么，神仙问：“你为什么不去对岸？我不是告诉你把桃子摘了就能发财吗？”

“可是，我不确定这条船是否结实。”乞丐说，“而且我还没想好用什么工具摘桃子。此外，我如果去了集市，应该怎样和别人介绍这些桃子？他们会相信我吗？如果我有了一大笔钱，我首先应该做什么呢……”

神仙听到此处，直接上了船，将船划得越来越远，再也没有出现在乞丐面前。

人为什么会拖延？主要原因就是害怕失败。因为害怕失败，便隐隐有了“如果不做，就不会失败”的想法，借以逃避不好的结果。胆怯往往令人举步维艰，然而人的生命只有一次，青春只有一次，成事的时机也许也只有一次，错过了就再也追不回来，所以有人说：“耽误他人的时间等于谋财害命，耽误自己的时间等于慢性自杀。”

拖延弊端多多，是每个人一定要克服的恶习。我们要克服自己内心的怯懦，不要对拖延习以为常。实际上，克服拖延并没有想象中那么困难，停止拖延的最好时间就是现在，不论你想做什么，立刻去做，别浪费一秒钟的时间。不论结果是成功还是失败，至少你战胜了自己、收获了经验，在任何时候，行动永远好过等待。

|003| 别让昨日的伤痛影响今日的你

周涛的日语等级考试又一次失败了。从大二到大四，她考了三年，每次都以失败告终，她不知道自己是没有考试运，还是真的缺少语言天赋，心灰意冷之下，她决定放弃。

毕业后，周涛在一家公司做普通白领，那段失败的考试经历始终是她的心病，让她无论做什么都无法积极起来。直到有一次，公司来了一位日本籍客户，当时两个翻译都不在，负责接待的周涛只好硬着头皮和那位客户沟通，还帮主管翻译了客户带来的资料。主管惊讶地说："真没想到，你的日文这么好！"

"不，我是自学的，并不是很好，连证书都没考下来。"周涛连忙说。

"你这孩子还真谦虚。"主管笑着说道。

后来，周涛被提拔为公司的对外负责人，专门负责日本市场。周涛想起那段为考试而焦急伤心的日子，突然释怀，原来一切的付出与努力都是值得的。

有时候，过去的经历会在我们心中割出一道道伤痕，让我们在疼痛之余开始怀疑自己，甚至完全否定自己。其实每个人都有不好的回忆，这并不是因为你做得不够好，只是时机未到，你还需要等待。慎独是心性逐渐完备的过程，这其中也包括放下对过去的介怀。一味地沉浸在悲伤中，除了痛苦与压抑之外，毫无益处。失败仅仅是一个结果，为结果努力的过程始终存在，那也是一种财富。伤痛从来都是弱者放任自己的借口，慎独者懂得以过去反观现在，以伤痛为经验，丰富自己的人生。

他"活到最狂妄的年龄时忽然残废了双腿"，于是便每日来到人迹罕至的地坛公园，在寂静的天地中思考着关于生与死的问题。最后，他终于明白：一个人，出生了，这就不再是一个可以辩论的问题，而是上帝交给他的一个事实。最终，他接受了这个现实，包括生命中最不能忍受的残酷和伤痛。

后来，他开始将自己的目光转向周围的人群，试图看看别人是怎样的生活的。首先，他看到的是为自己操碎了心的母亲，他明白自己所有的痛苦和不幸到了母亲那里都是加倍的；他还看到一个漂亮但弱智的少女、一个有着长跑天赋的残疾朋友、一对非常恩爱的失明夫妻……

这进一步加深了他对命运的认识：“这是一个因苦痛而有差别的世界。就命运而言，休论公道。如果被选中去充当那苦痛的角色，那就勇敢地去承担。”进而，他明白了该去如何看待自己的苦难：以最真实的人生境界和最深入的内心痛苦为基础，将自己的生命放在天地宇宙之间而不觉其小，反而因背景的恢宏和深邃更显生命之大。

这个人就是史铁生，一个下肢没有活动能力，几十年都坐在轮椅上的人。他将自己对生命的思考以独特的视角和方式记录下来，留下了大量的文学作品，其中流传最广的是入选中学语文教材的《我与地坛》，它给了身负伤痛的弱者以力量和勇气。

一部电影中，饱受苦难的女主角说：“过去唯一的好处是让人不想再回到过去。”也许正是因为经历过太多的苦难，人们开始变得坚强；为了不想重复痛苦的过去，他们不再对逆境屈服，不再因悲伤而哭泣。过去的伤痛在心上刻下缝隙，但正是因为那些裂缝，外界的光才能透进来，让心灵感受到阳光的存在。

每个人或多或少都有不愿提及的伤痛，它们渐渐在回忆里变成伤疤，即使不再痛，依然提醒着你过去的经历。或许，我们更应该庆幸自己有过这样的经历，不论结果是好是坏，都丰富了我们的人生。经历过、拥有过才是最重要的，即使有过伤痛，也好过从来没有试过、从来没有爱过、从来没有活过。伤痛也是生命的馈赠，正因为这些伤痛，我们才更要提醒自己：抓住现在，一刻都不能浪费。

|004| 等待他人救助，不如勇敢自救

一只羚羊正在对神灵哭诉自己的不幸遭遇。这只羚羊生活在广袤的非洲大草原，它刚刚当上妈妈，正沉浸在哺育孩子的幸福中，却突然发现自己的家园正被一群狮子虎视眈眈着。它悲愤地问神灵："上天为什么要安排这些狮子出现？也许我明天就会被它们杀死，我这么年轻，明明还有很长的生命，我还有哺育下一代的责任，为什么要如此残忍地剥夺我的幸福，难道神灵不应该保护柔弱的动物吗？您怎么忍心让我们被强大的狮子欺凌？"

神灵说："我很想保护你，但如果我保护了你，狮子就会饿死，它一样会来向我哭诉。"

羚羊无可奈何，当天晚上，它带着小羚羊们以最快的速

度逃出狮子的包围，最后找到了新的安全家园。

遇到困难时，我们希望能得到别人的帮助，如果这时有人愿意伸出援手，或者给我们一句鼓励的话语，都是一种支撑。然而，能获得他人的帮助是一种幸运，得不到他人的帮助也再正常不过。

有些人对他人的帮助习以为常，做任何事都要仰仗别人的力量。就像一个从小娇惯长大的女孩，小时候靠父母，上学了靠老师，进入社会以后靠朋友，结婚了靠老公。她在一生中，遇到事情只会哭泣着跑向她的保护者，悲哀地依附于他人而活。然而，任何人都有可能离去，每个人也都有自己的事情要忙，亲人、朋友无法时时刻刻陪在自己身边，一旦帮助她的人不在了，她就会被现实压垮，没有任何反抗的能力。遭遇困境，与其等待他人的救助，不如勇敢自救。

生于贫寒之家的福勒，向母亲抱怨上帝不公。他的妈妈听后，对他说："福勒，我们的贫穷不是上帝的意愿，而是因为你的父亲从来就没有致富的愿望，我们家庭中的任何人都没有出人头地的想法。"

母亲的话提醒了他，福勒自此决定靠自己改变贫寒的家境。

为了积累更多致富的经验，他从基层做起，在零售百货公司当了三年推销员。在这三年里，他不断地去调查市场，并逐渐产生以肥皂作为经营主体的创业计划。创业初始并不顺利，在挨家挨户进行推销时，他吃了不少"闭门羹"，也遭到很多谩骂和讽刺，但他没有停止。

功夫不负有心人，福勒等待的机会来了——一家供应肥皂的公司以15万美元的价格亟待出售。福勒那时手中只有2.5万美元，为了筹措资金，他亲自上门向信任自己的客户求取贷款，同时请求自己的朋友支援。在接下来的几天内，他又筹集到10万美元，还差2万多美元就可以达到目标了，他心急如焚。但能借的人都借了，他实在想不出别的办法了。

望着窗外的夜景，福勒沉默了，最后的2万多美元怎么办？他看着看着，突然发现了一束光，那里正是61号大街一幢大楼的一间办公室。他想这个人一定还在办公，要不然找他借这2万美元？这是个疯狂的想法，但没时间考虑了，他立即起身去了那间办公室。那是一个承包商事务所，里面确实有一个疲惫不堪的人在办公。福勒很勇敢地向那个人表明了自己的来意，然后直截了当地问道："您想赚1000美元吗？"令他惊喜的是，双方很快达成了协议。

福勒兴奋极了，他终于按时拿到收购肥皂公司的合约。很快，在他的经营下，公司迅速壮大。而后，福勒又一鼓作气收购了七家公司，包括四家化妆品公司、一家袜子公司、一家标签公司和一间报社。贫穷早已远离了福勒，福勒的梦想变成了现实。

当我们彷徨无助的时候，会渴望他人能助我们一臂之力，让困难的事变得简单。但不论是神灵庇佑还是他人援助，结果都取决于外界。将主动权交由他人，成败将不再由自己掌控，

这样毫无反抗之力的人生又何尝不是一种悲哀的人生?

决定前途的并不是从天而降的运气，而是自己的决心和努力。面对困境，我们想到的不应该是向神灵祈祷或自暴自弃，而要开动脑筋，积极寻找解决的办法。慎独者坦然接受困境的到来，随时随地迎候挑战。对他们来说，他人的帮助就像撑竿跳时使用的竹竿，能否成功跳过，竹竿不是首要因素，关键在于技术，技术不过关，再长的竹竿也没用。他人的帮助只是外在的助力，人终归要靠自己。

庸者求助他人，慎独者征服自我，唯有自己才是前途的主宰者。有的时候我们对自己不够自信，有的时候现实的确与理想存在差距，但这并不代表我们没有成功的机会。与其寄希望于祈祷、笃信他人，把未来的成就归结为运气，不如为自己定下一个目标，努力去实现。一旦下定决心，人的潜力就会被激发出来，转化为不断晋升的能力。这时，你会发现自己离理想其实并不遥远，差距有时在于天赋，但更多的还在于你是否有坚持下去的胆量、毅力和决心。

|005| 对过去的一切保持审慎的态度

有一对夫妻郎才女貌，彼此恩爱，很少争吵，生活非常和睦，是人人羡慕的伴侣。

可是不幸的事发生了，夫妻二人因事故而双双失明。30年过去了，生活在黑暗中的他们彼此扶持、相互鼓励，终于在儿女长大成人后有了复明的希望。拆开纱布的那一刻，他们迫不及待地看向对方，却同时发出凄厉的哀号。

原来，30年的时间让对方早已不复记忆中美丽的模样，甚至让他们变得比同年龄人更加苍老，他们都无法接受对方现在的样子。他们不停地回忆过去，越回忆就越痛苦，这种痛苦比过去的艰难生活更让他们难以忍受。

直到有一天，他们习惯了镜子里苍老的脸，才接受了年华已逝的事实。当重新打量对方时，他们发现一切都变了，只有彼此眼中的深情没有改变。

人们总是对过去怀有美好的念想：小时候的情谊很单纯、过去做事比现在认真、以前的社会关系没有那么复杂……种种原因使得人们得出“现在不如过去”的结论。事实上，小时候的感情没有相应的责任，虽然单纯却易改变；过去做事虽然充满干劲和热情，但难免缺少的条理性和计划性；过去没有复杂的社会关系，但过去的生活范围相对狭小，不像现在这样有机会开阔眼界，结交各式各样的朋友……

对于回忆，我们也要有一种审慎的意识，应该弄明白的是，怀念过去仅仅是因为过去的时光美好，还是因为想要逃避现实，所以一味地美化过去，把过去当作现在胆怯懦弱的借口。美好的回忆可以丰盈人生，但过于依恋过去反而会牵扯现在的精力，进而影响未来的发展。

一天，几个客人去许佳家做客。许佳从小就是个优秀的孩子，她的父母很为她自豪，妈妈更是把她的所有奖状都挂在了客厅里。

客人们看了那些证书，果然开始夸奖许佳有出息，许佳坐在客人中间暗暗得意，她很享受被人夸奖的感觉。这时，一位年纪稍长的伯伯看了她一眼，又逐一仔细地看了那些证书，半晌才对许佳说："这些都是你大学之前的证书，现在的呢？"

许佳一愣，上了大学后，她的确没拿到什么奖项，那位伯伯语重心长地说："有些东西属于过去，却不一定属于现在，你应该展示给他人现在的荣誉。"

许佳思考良久，摘掉了挂在客厅的所有奖状。回到学校后，她也一改往日的懈怠的状态，比以往更加上进。

反复强调过去的经验，会使我们的思维僵化；反复回味过去的悲伤，会错过眼前的幸福；反复惧怕过去的失败，会丧失对未来的信心……我们不能为过去而活。过去的生活无法改变，过去的错误只能是遗憾，过去的成功只能是回忆，现在虽然是过去的延续，但并不是对过去的重复，我们既不需要对过去愁眉不展，也没必要洋洋自得。

哲人说，人生最宝贵的东西不是过去，而是此刻。此刻你拥有的东西，能够给你真正的笑容；此刻你为之奋斗的事业，是你实现理想的唯一途径。此刻你的一切都是宝贵的，它不会重来，一旦成为过去，就意味着永远失去，所以我们必须把握每一个“此刻”。要知道，人生最美的不是过去，而是短暂的今日和值得期待的未来。

|006| 控制情绪，沉稳行事

一家公司的负责人即将迎来自己46岁的生日，他是个事业有成的男人，但妻子早已跟他离婚，孩子在国外上学，公司的员工们只是象征性地送了礼物，他身边没有多少朋友，生日当天，只能一个人坐在客厅里喝闷酒。

为什么这个事业有成的男人生活得如此孤单？因为他性格暴躁，爱对身边的人乱发脾气，这种个性让想要亲近他的人对他敬而远之。比如今天，他看到工作计划中有一项不必要的外出，就把秘书找来大骂一顿，最后秘书说：“那是您昨天晚上喝醉后打电话告诉我的！我再也无法忍受您的脾气，请您找其他人来做这份工作吧！”

于是，他被秘书炒了鱿鱼。其实，他很欣赏这个能干的秘书，却骂了她整整一年，他心里同样困惑，为什么自己的脾气就收不住呢？

爱发脾气的根源在于自控力不过关。自控能力不强的人无法自如调节情绪，他们中有的脾气暴躁，动不动就要和人争吵，甚至暴力相向；有的情感脆弱，遇到一点儿困难就害怕得发抖，或哭个没完；有的悲观抑郁，凡事都爱往最坏的方面考虑，常常觉得自己要倒霉……这些情绪一旦不被克制，就会向着极端的方向发展。

一个人如果轻易被情绪左右，就难以做出冷静准确的判断。古今中外的无数事例已经证明，一个人如果不能有意识地对自己的情绪加以控制，不仅会殃及他人，而且终会害了自己。

有个人去山里拜访隐者，向他询问什么是真正的智慧，隐者告诉他："一个真正有智慧的人，不论什么时候都要告诫自己忍耐一分钟，然后再做自己想做的事。"

这个人完全不理解隐者的话，扫兴而归。回到家的时候已是深夜，为了不吵醒家人，他蹑手蹑脚地走进卧室，却发现妻子身边竟然躺着另一个人。他大怒，摸到厨房，拿起一把刀就要砍床上的人。突然，他想到隐者的话，竭力压下怒火，告诉自己忍耐一分钟。

这时候，妻子醒了过来，打开灯，高兴地对他说："你回来了！真巧，今天婆婆来这里看望我们，我就让她睡在我们房里了！"

他手中的刀"当啷"一声掉在了地上。

古语说：小不忍则乱大谋。其实，小不忍也会惹出大祸，一分钟的忍耐好过事后长久的后悔。忍耐是一种征服自我的能力，没有忍耐力的人很难成就大事，他们容易被愤怒、恐惧、急迫等情绪冲昏头脑，无法冷静观察局势、理性思考。忍耐不是消极地忍气吞声，而是指做人做事沉稳有度：沉即沉思，深思熟虑之后再去行事；稳即做事有条理和分寸，既不过于紧迫，也不过于缓慢，能节奏分明、条理清晰地完成每一件事。

一个沉稳的人定有很强的自控能力，他们很难被外界环境影响，胜利不能让他们喜形于色，失败也不会让他们沮丧绝望，他们始终能控制好情绪。想哭就哭、想笑就笑是一种恣意的人生状态，但我们也需要在想哭的时候能想得到办法，想笑的时候能看得到危机，这才是成功者必备的素质。

|007| 人生没有绝对的优势，只有绝对的努力

清晨，三名游客同时走出旅馆，其中一个担心下雨，带了一把雨伞；一个担心路滑，带了一根拐杖；最后一个为了旅途轻松，什么都没拿。傍晚的时候果然下了一场雨，等三名游客回来后，旅馆老板突然发现了一件让他吃惊的事：拿伞的人全身湿透，拿拐杖的人跌得几处淤青，只有什么都没带的人安然无恙。

等到淋湿的人去洗澡、跌伤的人去上药时，老板好奇地

问那个安然无恙的游客：“我真吃惊，难道他们把雨伞和拐杖都给了你？”游客说：“我们走的并不是同一条路线，但我大概能猜到他们发生了什么。有伞的人以为有了雨伞就可以不用担心淋湿，只注意了脚下的路，所以他没有滑倒却淋湿了；拿拐杖的仔细躲雨，却忽略了脚下的路，结果拐杖也没帮到他；我因为什么也没有，下雨了就躲，路滑就小心点儿走，反而成为最平安的人。”

一个人有优势是好事，优势可以令你省下很多的时间和精力，专注于自己想完成的事，但是如果太过依赖手中的优势，以为自己万无一失，便会麻痹大意，优势就有可能变为劣势，甚至是忧患。就像考试的时候，我们会把擅长的科目作为自己的优势，复习时不会分给它们很多时间，甚至因为有信心，完全不去复习。等到考试结果公布，扯后腿的往往就是这些优势科目，令你后悔不迭。

优势给了人天然的优越感和安全感，同时也让人丧失了相应的危机意识，一旦优势出现纰漏，会令毫无防备的人措手不及，招致打击。所以，慎独者要常常自省，既检讨自己的缺点，又对自己的优势有清醒的认识。

一次家庭聚会上，小贺为来客表演了高超的滑板技术。只见他不但轻松地绕过各种障碍物，还自如地完成了高难度空中动作。所有人都在羡慕小贺的运动天分，小贺笑而不语。这时，小贺的妹妹微笑着卷起小贺的裤腿，只见两条腿上布满淤青，有大有小，有旧有新。

小贺的妹妹说："我哥哥的运动天分固然不错，但你们不知道他每天要花费多少时间来练习滑板，这些淤青就是他练习的证明，没有辛苦的练习，又怎么会有好的表演呢？"

你拥有某方面的优势，但必须把它与勤奋相结合，才能做出一番成绩。否则，优势仅仅是你的一个特点，连特长都算不上，只会白白辜负了上天的馈赠。

慎独者不会以偏概全，他们明白任何事都不是绝对的。优势给了我们一种侥幸的心态，让我们以为每次都能幸运过关。然而事实证明，优势有时还不如《守株待兔》中的那只兔子，至少它曾切实地摆在眼前，而优势却是一种虚无的心理暗示，不能带来明确的保证。依赖优势是我们必须克服的心理症结，想要破解优势迷信，我们需要明白这样一句话：人生没有绝对的优势，只有绝对的努力。

一个人的真正优势是明白自己拥有什么，却不会因此而懈怠，而是以优势作为前进的资本，但不将其视为获取胜利的唯一凭证。我们应该相信自己的坚持和努力，而不是某些天赋和不够扎实的积累。只有任何时候都不掉以轻心，不心存侥幸，全面地准备、全面地分析，我们才能得到最后的胜利。

|008| 让仅有一次的生命不被浪费

有位老人正在湖边散步，一连几天他都看到一个年轻人背靠着一棵大树，百无聊赖地打着哈欠。老人说："年轻人，如此好的天气，你为什么不去做事？"

年轻人叹了口气说："我觉得没意义，做什么都没有意义。"

"你没有家庭吗？不需要养老婆和孩子吗？"老人问。

"家庭是负担，我不需要。我也不想谈恋爱，因为到最后爱都会变成恨。"

"你的朋友呢？"

"我不需要朋友，朋友也是负担。"年轻人说。

老人叹息一声，说道："人早晚要死，但死不是活着的目的。活着是为了体验，为了享受过程，你所以为的负担同时也是快乐的源泉。你还这么年轻，难道要将剩下的时间都用来等死吗，那其实比承担负担还要痛苦啊！"

有时候，死亡是生命的结束，却不是思想的终结。一个伟人死去，他的思想与成果却会留给后世，千百年后人们依然受益于此，对他怀念不已。与之相反，有些人活着的时候混沌度日，对自己没有要求，对他人没有奉献，这样的人活着其实已经“死”去。他们只是遵循着从生到死的规律，却罔顾生命的过程；他们并非知足常乐，而是没有进取心，在庸碌中迎来死亡；他们不知道生命的宝贵，不知道仅有一次的青春不能用来肆意挥霍。

人生太短，生命只有一次，我们必须珍惜，以期它能有更高的质量。追求慎独，就是要时时发现自己是否因贪图安逸而不思进取，是否因执着于过去而封闭自己，是否因他人的非议而为难自己，是否因拖延而浪费了光阴，是否经常产生“我已经很好，不需要再努力”这种懒惰的思想。

的确，我们无法阻止自然界的生老病死，生活中也总是有这样或那样的无奈，但这些从来不是一个人消极避世、松散懈怠的理由。在恰当的时间做恰当的事，在有限的生命条件下活出最大的可能性，才能不枉来人世一场。

美国青年汤姆有一次去法国旅游，刚刚订好旅馆，就被小偷“光顾”，钱包不翼而飞，身上只剩几张零钞。来之不易的假期刚刚开始就突遭横祸，想来谁都不会愉快的。所以，当汤姆回到美国，朋友们都说：“你这几天一定过得非常糟糕！”然而汤姆却回答道：“恰恰相反，我度过了一个非常愉快的假期，这次旅行让我没有任何遗憾！”

原来，为了不让自己的假期就此消磨在不愉快的情绪中，汤姆决定来一次“巴黎免费游”。当天，他先跟警察简单地说明了情况，然后动身去看巴黎铁塔，第二天是卢浮宫的免费参观日，他又在卢浮宫消磨了一整天。接下来的几天，汤姆走在巴黎街头观察当地的风土人情，画了很多素描，还在枫丹白露认识了一个谈得来的法国青年，与他成了朋友。所以，这次巴黎之行，汤姆很是享受。

善于将遗憾转化成享受的人，生活会更加快乐。快乐与不快乐不过在一念之间，只要你愿意退让一步，就会发现事情没有想象的那么严重，情况没有预想的那么糟糕。错误有补救的机会，失败后也可以重整旗鼓、再次出发，只要我们还活着，我们就有明天。

对于死亡，只有生命是真实的；对于追不回的过去和不确定的明天，只有今天是真实的；对于曾经的伤痛和未来的沮丧，只有此刻的快乐是真实的……所以，活在当下是我们唯一的选择。“当下”固然包括困境和迷茫，但同样包含了无限可能的快乐和幸福。珍惜当下的每一个机会、每一次尝试、每一个体验，振奋每一天的精神，才能使仅有一次的生命不被浪费，如此才不枉岁月馈赠。

第五章 定力

见欲而止，得失随缘

欲望是每个人都要面对的人生课题。在林林总总的欲望面前，我们不必无欲无求，但要做到坚守本色。见欲而止是慎独修身中艰难的一步，它能使你的心性上升到一个更高的层面：贫而气不改，达而志不变。

|001| 节制过度欲望，轻装才能远行

一个即将死去的男人看到天使向他走来，天使说：“你是一个成功的人，不但拥有骄人的事业，心地还很善良，帮助过很多人，你马上就可以去天堂，现在请起身跟我走吧。”

男人仔细思考片刻，对天使说：“可是，我放不下我的生意。”天使说：“那都是虚幻的财富，只有舍弃它才能进入天堂。”男人大叫：“不行！我一辈子的时间都给了我的公司，至少让我把公司的招牌带走！”天使说：“带着那些东西你飞不起来，只能被恶魔拉进地狱。”

男人思来想去，依然不愿妥协，天使只好独自飞走。因为到死都不肯放下财富和荣誉，男人终于失去了进入天堂的资格。

欲望是每个人的本能：刚出生时，我们对食物产生欲望；成长时，我们对父母的爱、小伙伴的陪伴以及游戏玩乐产生欲望；再大一点，我们渴望获取好的成绩，得到他人的认可；成人后，我们渴望成功的事业、美好的爱情……

有人说，人因欲望而进步，没有欲望就没有向前的动力，这种说法并没有错。人有欲望是再正常不过的一件事，欲望之所以会变成人们责怪的对象，是因为它往往和贪婪相结合。这

时候，欲望就像无底洞，怎样填都无法填满，直到将我们拖垮。所以说，影响我们生活的不是欲望，而是过多的欲望。

欲望过度会滋生贪念，产生浮躁，贪念和浮躁正是慎独的大敌。一个懂得慎独修身的人，要知道如何节制自己的欲望、培养定力，如此才能在物欲横流的世界保持心灵的安宁。

一个年轻人气喘吁吁地走在大道上，背上的巨大包裹近乎压弯了他的脊背。坐在路边的老人见此，问道："年轻人，你的背包这么大，你要去哪里？"

年轻人说："我要去几千里以外的国家，背包里是我沿途收集的特产。"

老人说："可是你背着这么沉的包裹，什么时候才能到那个国家？去到那里只需要钱、换洗的衣服和必需的药品，为什么一定要带上这么多无关的东西？"

年轻人听后，将包裹里无用的物品拿了出去，果然轻快了很多。他越走越快，很快便到达了目的地。原来，正是自己长久以来不想放下的东西减缓了前行的速度，一个人只有放下负担，才能轻松远行。

欲望的形式多种多样：年少相伴的友情、刻骨铭心的感情、引以为豪的成绩……想要维持这些美好的感觉也是一种欲望，只是它的形式更为隐蔽、更容易被人忽略。然而，一切都在随着时间而悄悄改变：昔日的友人远赴他乡；昔日的恋人成为他人的新娘；昔日的成绩单变作泛黄的纸，早已被人遗忘……你应该明白这世界变化很快，只有走在它前面，才不会被抛弃，想要一直走在他人之前，先要学会抛下身上的负担。

背着石头上山，如何能走得快？欲望之于我们也是如此，它捆绑我们，让我们的脚步越来越沉重，直至停滞。当你觉得生命沉重，心灵被什么东西压得喘不过气时，一定要提高警惕，也许过度的欲望正在操纵你，让你迷失了方向。慎独者清楚控制欲望的重要性，他们会停下脚步，仔细思考哪些东西是阻碍，哪些过去应该果断放弃。只有停止对生命的浪费，轻装上阵，风雨兼程，才能快速抵达理想的远方。

|002| 耐得住孤独，以独处亲近心灵

一个年轻人想更深入地探寻自我与人生，便向智者诉说了自己的愿望。他说："我看这城市里的人每天忙忙碌碌，却没有明确的目标，他们每天都在迷失自我，我不想成为这样的人，您能不能帮助我？"

智者点点头，说："在这座山的山顶有一处荒废的院落，那里无人居住，你现在就带着食物和清水上去，住上一个月，就能找到想要的答案。"年轻人心有不解，但还是听从智者的建议，在荒废的院落中住了下来。

第一天，年轻人觉得自己远离了一切烦恼，内心十分平静，像是进入了另一个世界。

第三天，年轻人觉得这荒无人烟的地方太安静了，有些烦躁。

一周过去了，年轻人开始思念家人和朋友，恨不得马上离开这个地方。

第二周过去了，年轻人接受了现状，开始仔细思考自己的人生……

一个月后，年轻人走下山，对智者说："我现在终于明白，很多问题只有在独处的时候才能想清楚。不论是关于过去还是现在，我都有了明确的看法，也终于知道接下来该如何做了。"

我们经常想要接近别人的心灵，想了解感兴趣的人在想什么，却鲜少考虑自己每日做的事究竟在多大程度上满足了自我心灵的需要。缺乏独处的空间，终日生活在喧闹与忙碌中，让我们对自我的思考少之又少。而一个缺乏自我思考的人，如何能够清醒行事呢？所以，每个人都要让自己有独处的时间和空间。只有在独处时，屏蔽了琐事的困扰，我们才能静下心来与自己对话，诚实地面对内心的需求，进而更加明白未来应该走向何处。

慎独者在任何时候都不会忽视自己的心灵，他们知道亲近心灵最好的方式就是独处。独处让心灵得到休息，也得到滋养。很多成功者都有独处的习惯，他们在个人空间中沉思，像是暂时进入了另一个世界，那里有他们美妙的构想，也有他们隐秘的探索……由内而外的思考让他们变得沉静有力，每当他们沉浸在这个世界里，就会得到更多的力量。

英国女作家夏洛蒂·勃朗特以《简·爱》闻名于世，她的两个妹妹——艾米丽·勃朗特和安妮·勃朗特，也都是英国著名作家，她们被合称为“勃朗特三姐妹”。其中,《呼啸山庄》的作者艾米丽·勃朗特被公认为是三姐妹中最具天分的一个。

世人对艾米丽能写出《呼啸山庄》这样一部小说感到惊异，因为艾米丽太过年轻，并且终身居住在偏僻的山村，没有接受过很好的教育，没有丰富的人生经历，也没有谈过恋爱，可是她竟然写出一部无比深刻且震撼人心的作品。人们仅仅知道这位早逝的天才喜欢在荒原上散步，也许正是荒原上孤独的行走给了她无尽的想象力和对创作的爱，让她将孤单的一生变为人人想要解读的大作。这是独处的回馈，也是孤独的力量。

孤独是独处时不可避免的问题。有人说懂得孤独的人更贴近世界的本质，不管你愿不愿意承认，在多数时候，人都是孤独的：一个人出生，一个人奋斗，一个人走向死亡。没有人能完全对另一个人的伤心感同身受，也没有人能代替另一个人忍受病痛，谁都不能自始至终地陪伴在另一个人身边，人生本来就是一次孤独的旅行。

但孤独并不是一件让人绝望的事。一个人的时候，我们能更加冷静地审视自己；在别人看不到的地方，我们往往能展现自己最本真的一面。从这个意义上来说，孤独是我们一生的朋友。因为孤独，我们越发坚强与成熟。当你接受孤独，再去感受周围的温暖和陪伴，就会加倍感恩，会放弃求全责备的想法，变得宽容而温和。

独处是慎独修身的一部分，能耐得住孤独，以独处亲近心灵的人，便能从“孤独”走向“慎独”。人生的很多时候，我们需要独行，在鲜有支持者的情况下，唯有耐得住孤独，才能走到最后。坚持自我的人都曾忍受孤独，抑或曾为此感到痛苦，但不必害怕，鲜有人走的路并不意味着错误与荒谬，时间终会给你最好的答案。

|003| 真正的伟大往往朴实无华

几乎人人都知道英国科学家艾萨克·牛顿，也知道他因苹果而发现万有引力的故事。据说，这个带给牛顿启迪的苹果树迄今还留在他当时就读的剑桥大学，依然是学生宿舍楼附近一棵普通的苹果树，它并没有被栅栏围起来供人们参观。见此，很多慕名而来的游客会觉得失望，他们会想：这样“伟大”的苹果树，难道不应该用一种更特别的方式保护起来，借以吸引游客吗？但是，在优秀学者辈出的剑桥大学，任何一个走在路上的学生都可能是明日之星，又有什么必要去留意一棵苹果树？一切都是平等的、平常的，所以一切都是欣欣向荣的、不断进步的。

真正的伟大往往藏在平凡之中，它不需要添加任何标签，人们就能知道它、向往它，即使它的外表看起来那样平实无奇。真理往往朴实无华，但把普通的定理运用到生活的方方面面，普通也就成了伟大。

一件事究竟是“普通”的还是“伟大”的，取决于它能否为他人带来好处。伟大的事物本身不会炫耀自己，就如同空气、阳光与水，它们都是伟大的，却从不会向人索取任何形式的回报。

而在人群中，人们却可以轻易区分出两类人：一类时时向他人炫耀成绩，彰显自己的成功；另一类则在旁倾听，从不吹嘘自己，即使他们有吹嘘的资本。后者就是慎独者的做法，慎独者明白伟大究竟应该体现在什么地方，在多数时候，他们更愿承认自己的平凡。

一个年幼的和尚问自己的师父：“我常常听人说‘心如明镜，不染尘埃’，是不是像师父这样的高僧才能做到‘不染尘埃’？”师父摇摇头：“我虽然断绝俗念，每日打坐念佛，但还没有达到‘不染尘埃’的境界，我倒可以带你去看看究竟什么样的人才有此境界。”

小和尚跟随师父下山，到了一个热闹的市场，那里人来人往，小和尚问：“师父说的究竟是哪一个人？”师父指着不远处的一个擦鞋匠说：“我说的人就是他。”

小和尚仔细观察这个擦鞋匠，他的岁数已经很大，看上去精神尚好，对每一个坐在他面前的客人，他都会弯身擦掉那人鞋上的灰尘，看上去与其他鞋匠并无不同。小和尚失望地问：“他不就是一个普通的擦鞋匠吗？究竟有什么特别的地方？”师父说：“当人们都在尽力显得比别人高贵时，能弯下身子为别人拂掉灰尘的人，就是真正看透世事、心如明镜的圣者。”

“心如明镜，不染尘埃”是一种至高的境界，只有愿意俯下身子为他人擦拭尘埃并丝毫不认为这是一件卑贱之事的人，才能称得上拥有此境。在他们心中，世间的一切没有高低贵贱之分，只是依照本原和常态运行，能够看透此理的人，定“心如明镜”。

人心之伟大在于从不看轻世间的一切事物，包括自己。工作没有高低贵贱之分，贡献没有大小轻重之别，都值得尊重。能够拥有这种思想的人，其心灵同样是伟大的，因为他总是处在欣赏和感恩的状态下，并通过自身影响、净化周围。

身处喧嚣浮躁的时代，心灵的朴实无华尤为重要。当一个人急匆匆地追赶名利，迫切地想要得到地位，改善境遇，就会渐渐远离那些真正让心灵得到满足的东西，比如人与人之间的和睦，以及高尚的道德……只有从不放弃这种追求的人，才能更加明白何谓伟大，他们也许是普通的，却比所有人都更接近崇高。

|004| 主动远离贪婪，纵容贪婪是人性的陷阱

两个国家发生战争，在连日混战中，甲国的军队节节败退，都城被乙国军队封锁。围城时期，粮食有减无增，都城里的很多百姓都被饿死了。

最后，支撑不住的甲国开城投降，城里的百姓终于能够吃到外边运来的食物，也许是太久没吃饭的缘故，人们拼命地吃运粮车上的东西，明明已经吃饱，还不停地往嘴里塞，更有甚者一边吃，一边往家里搬。结果，开城第一天，城里撑死的人比围城时期饿死的人还要多。人们因对饥饿的恐惧而产生贪婪的念头，完全忘记了肠胃经过多日的饥饿萎缩，已经受不了太多突如其来的美食。可见，好东西多了也未必是好事，欲望如果得不到节制，将会给人带来灾难，甚至是灭顶之灾。

自古以来，无数先贤圣者都倡导人们收敛欲望，这并不是在扼杀人的自由，而是先贤圣者明白，任何东西都有一定的容量，如果放得太满，就会出现问题。养过金鱼的人都知道：将金鱼放在清水里，过一两个月都不会饿死，但如果一次放入

太多食物，鱼缸里很快就会出现撑死的金鱼；同样地，如果一个鱼缸里同时放进太多条金鱼，看上去五颜六色，十分好看，但由于没有足够的氧气，它们很快也会死亡。

做任何事都要掌握一个“度”，过度就是贪婪。当一个人不知足、想要得到更多时，就会被欲望迷惑心智，完全忘记自己的承受能力，而这样超出承重的负荷必然有害无益。

一个国王在巡游时不慎丢失了衣服上的一颗宝石扣子，那是世间罕有的红宝石，国王一向十分喜欢，因此他即刻下令全国的人去找宝石，并许诺送回宝石的人将得到重赏。

一个农民在湖边散步的时候捡到了宝石，他来到宫门外求见国王，恰好一个贪婪的大臣看到他，心生贪念，就对农民说：“我可以让你见到国王，但你必须保证把你所得到的东西分给我一半，否则我现在就让士兵把你赶出去！”

农民没办法，只好答应了。宝石失而复得，国王高兴地说：“诚实的子民，你想要什么奖励？我全都给你！”农民想了想说：“我希望您打我二十棍。”无论国王如何劝说，农民始终坚持这样做，并说：“刚才您的一位大臣要我把得到的东西分给他一半，请您先打他十棍。”

国王听后大笑，命令士兵打了大臣十棍，然后说：“既然你愿意和人分享，我就把赏赐全都给你，来人呀，把另外十棍也赏给他！”于是，大臣因为贪心，被打得几个月下不了床。

当我们对愚蠢大臣的下场拍手称快时，有没有想过他的身上其实也有自己的影子？每个人或多或少都有过贪念，只是有的人愿意克制，而有的人不能克制。

慎独者会主动远离贪婪，他们知道当贪婪变为一种习惯，心灵就会永无宁日。贪婪让人忘记了休息，忘记了喘息，直到累倒在路边，手中依然抓着那些沉重的财富，并把它们当作人生的意义。

纵容贪婪是人性的陷阱，贪婪会使一个人丧失最基本的公德心，变得唯利是图。贪婪不但让一个人变得虚荣，还让他变得丑陋。他们无法忍受贫苦的生活，也不能容许自己不是他人称羡的对象。一旦人们跳入欲望的旋涡，想要抽身便难上加难，只能一天天沉沦下去，因为沉重的欲望已经使他们丧失了逃生的可能。贪婪不能给自己带来幸福，追求欲望也不是生活的唯一目的。我们背后的亲人、身边的风景无一不是比财富更宝贵的“财富”，别等到失去时才后悔自己尚未察觉、尚未用心体会。

|005| 学会逃避诱惑，守住人格的底线

一位领导想聘请个司机，他问前来应聘的人：“如果你正在悬崖边开车，发现悬崖边有一袋宝石，你觉得离悬崖多远停

车最适宜？”

应聘者们有的说一米，有的说两米，有的说半米，只有一个人说：“我认为离悬崖越远越好。”这位领导当即回道：“你就是我要的司机！”接着，他解释说：“对于一个司机来说，高超的驾驶技术无疑是重要的，但更重要的是有保证车内人人身安全的意识。不拿生命冒险的安稳心态才是最关键的职业素养。”

人生有风浪、有崎岖，每个人都像驾车的司机，需要磨炼自己的驾驶技术，以期走过不平坦的路途。但多数时候，生活不是赛车跑道，不需要你拼命炫技，更不能看到诱惑就不顾前方路况，猛踩油门，加大马力，前方也许就是悬崖，任凭你技术再高超，也难保没有闪失。

远离诱惑不是胆小怕事，更不是没有进取心。把进取与贪婪混为一谈，不过是贪婪者的诡辩。一个人首先要做好自己的本分，也就是他的家庭角色和社会角色，然后再尝试其他事物，这样才能保证不偏离最初的方向。

如果画出人生的轨迹，那些有定力的人大体上会画出一条直线，而那些看到诱惑就改弦更张的人，他们的人生轨迹没有明确指向，经常东一条线，西一条线，弯弯曲曲、凌乱不堪，这样的人如何成就大事？

有个小偷经历过监狱生活后，决心洗心革面，于是成了一个精通开锁之道的人，后来又拜师学艺，开始自己制造结实的门锁。在晚年的时候，这个匠人收了很多弟子，他没有儿女，于是便想从徒弟中选一个继承家业。

这一天，他指着屋子里几个带锁的柜子对徒弟们说："这是我新做的锁，你们去试试能不能打开。"几个徒弟知道这是师父在考验他们的技术，于是很快就把柜子打开，表情很得意，师父突然问："柜子里边有什么东西？"

第一个徒弟说："有一盒金子！"

第二个徒弟说："有一块宝石！"

第三个徒弟回答："有十几串铜钱！"

师父无奈地摇头，这时他看到大徒弟眉头紧锁，就问："你看到了什么？"大徒弟说："我只顾着开锁，根本没注意到柜子里的东西。"

师父微微一笑，能够一心一意地开锁、对财富视而不见的人，就是他需要的接班人。

只有那些一心一意想着自己的责任，对诱惑视而不见的人，才能在喧嚣浮华的环境中保持纯洁的品性。他们不会时时留意自己是否获得荣誉，却会时刻提醒自己保持高尚的品格。这让他们懂得谨言慎行，以确保言行不低于自己设置的底线。

每一个慎独者都会为自己设置人格的底线，这底线就像一座堤坝，拦住了自私的贪欲，拦住了外界的诱惑，让他们能够始终坚持本色。更重要的是，有底线的人不会跟诱惑较劲，也不会挑战贪婪。孟子说："富贵不能淫，贫贱不能移，威武不能屈。”不论富贵还是贫穷，做人都要保持内心的正直与信仰，这样的人生有时会寂寞，有时会遭遇犹疑和阻碍，但要相信，什么也比不上一份内心的安宁，当回首往事时，你定会为自己的坚持感到庆幸与骄傲。

|006| 幸福在于享受拥有，而非怀念失去

深夜，一个酒吧即将打烊，酒保已经将店内打扫完毕，但是有两个喝得醉醺醺的男人，无论怎么赶都赶不走，酒保只好坐在他们旁边和他们聊天。

“你们为什么这么苦闷？”酒保问。

“在年轻的时候，我遇到一个深爱着的女人，可是我没有珍惜她，后来她嫁给了别人。现在，十几年过去了，我还是觉得她最好，如果当初我娶了她，我一定会幸福。真希望能回到过去，重新选择一回。”第一个男人一边说，一边又灌了一杯酒。

“我和他不一样，”第二个男人说，“我年轻的时候也有一个深爱的女人，我非常珍惜她，和她结了婚。十几年过去了，我觉得我非常不幸，假如能重新选择一回，我一定不娶她。”

酒保哭笑不得地说：“你们难道还不明白，就算给了你们重新选择的机会，你们还是会坐在这里喝闷酒。不懂得珍惜拥有的人根本体会不到幸福的感觉。”

我们不停地谈论着“拥有”和“没有”，更确切地说，我们喜欢谈论别人的“拥有”和自己的“没有”，我们常常羡慕别人的东西，却对自己拥有的东西视而不见。其实，别人的东西未必有你的好，只是你习惯了把自己的珍宝看成平常之物。

常听人说这样一句话：“失去后才能懂得珍惜。”这的确是生活的常态，拥有时将其看得太过一般、太过习惯，完全忽略了它的好处，直到有一天它不再属于自己，成了别人的东西，才又开始惦记，后悔自己拥有的时候没有发现它的价值。这个时候，后悔又有什么意义呢？不如从现在开始清点自己还有什么，然后逐一珍视。

易明最近看自己的太太不太顺眼，因为易明的同事小周每天都在公司夸自己的妻子，说他的妻子不但为人好，做事样样周到，还特别顾家，做的菜更是让人赞不绝口。易明的太太是高中老师，经常忙到深夜，不做早餐就去上班，于是易明只能在街边摊吃早点。

想着别人娶了贤惠的太太，易明只能每天数落自己的妻子。他的太太是个大方的人，并不计较老公的抱怨，只是每天挤出早上的时间来给易明煎个荷包蛋或者做一锅稀饭。易明看到太太这么辛苦还这么体谅自己，不禁感动了。

一次公司聚会，小周喝醉了酒，拉住易明一个劲儿抱怨自己的妻子，说妻子事事要强，羡慕易明有一个有学识又体贴的太太。易明这才发现，当自己羡慕别人的时候，别人也在羡慕自己，只是我们习惯了将羡慕的目光投放在他人的生活中，却失去了品味自己生活的细心和耐性。

如果每个人都能以宽容的心对待身边的人，包容对方的缺点，牢记对方的优点，那么我们无疑会拥有更加理想的生活状态。

什么是理想的生活状态？对于此，每个人都有不同的答案。如果以别人作为标准，自己的生活肯定样样都不如意；如果以让自己“称心”为标准，生活还是会样样不如意，因为在我们自私的想法中，“称心”的标准太高，神仙也做不到。

对于慎独者来说，凡事都要以“做好自己”为基础。理想的生活状态是努力与接受的结合。努力是在自己能力范围内尽量把事做得更好，而不是推卸责任，抱怨他人。接受是告诫人们对自己无法改变的事要学会顺其自然，接受并不代表无作为，恰恰相反，接受了才能改变，才能在事实的基础上发挥自己的能力，引导它向有利的方向发展。

幸福的生活其实没有那么复杂，只是一份简单的心态：不攀比、不计较，欣喜于自己的拥有，不为得不到的东西惋惜。

|007| 得失随缘，心无增减

很久以前，很多动物生活在森林里，每天吃着森林里长出的食物，生活轻松又快乐。

有一天，动物们感觉到火山即将喷发，于是慌忙逃命。它们刚到安全地带，火山便喷发了，看到生活多年的地方被埋在厚厚的岩浆下，失去家园的动物们忍不住大哭起来。

这时，一只年幼的猴子说："我听说再过不了多久，森林就要被人类砍伐，现在它被火山毁了，我们能够尽早去找新的森林，这不也是一件好事吗？"

"得到"不容易，"失去"却有可能是很快的事。我们拥有的事物都不能长久地属于自己，有生命的会随着生命的流逝远去，无生命的会随着时光的推移而磨损。我们可以选择努力，却无法决定爱情的结局；我们可以认真地活每一天，却无法阻碍生老病死的自然规律。得失本就寻常，与其怨天尤人，悲愤沉湎，不如达观面对。尊重自然界的规则，是看开得失的开始。

一艘满载货物的远洋船在海上遇难，只有一个船员靠着一块木板漂到附近的荒岛。他靠捕捉鱼类、采集植物生存，又用木材和草盖了一个小房子，每天都坐在房子前，盼望着有船只经过这个孤岛，将他带回大陆。

时间一天天地过去，他没有等到任何救援船。这一天，更不幸的事发生了，在他打渔的时候，小屋发生了火灾，他的生活用品被烧得一干二净，船员哭天抢地，认为这次自己没救了。没想到过了一个钟头，一条船竟然来到小岛。

“船只不会经过这座岛，我们是被刚才的浓烟吸引过来的。”船上的人说。

船员没想到，那一场他认为象征灭顶之灾的大火竟然给他带来了生存的希望。

祸事也可能预示新的开始和机遇，万事万物都处在一个转化的过程。就像黑夜能够变成白昼，上好的食物也会渐渐腐烂，福到了一定程度就会变成祸，祸到了一定的时候又能转化成福。因而，世间没有绝对的得到，也没有绝对的失去。懂得此理，才能在得失之间保持心态平和。

慎独者追求内心的平静与坦然。不论是面对得到还是失去，都要理性从容。得到时不因得意而忽视危机，失去时不因失意而形貌无状。得失随缘，心无增减。这种从容的心态能够陪伴你走过风风雨雨，走向真正的成功。

第六章 习惯

内讼自省，以正己身

儒家提倡“一日三省吾身”，以此说明自我反思的重要性。人们正是凭借不断的自省来接近高尚。将自我检讨变为一种习惯，便能让错误在不断的检讨中越来越少。内讼自省是慎独修身的重要环节，它能督促一个人成为敢于负责的勇者、善于观己的智者。

|001| 承认错误是勇气，克服错误是责任

年轻的国王继承了王位，也许是因为年少气盛、急于建功，他很少关注民间疾苦，而是把所有精力都用来思考如何扩充军队、掠夺境外的土地。频繁发起的战争终于招致了邻国的不满，他们联合起来，将年轻的国王击退。无奈，国王只能把掠夺的土地归还，并扮作普通士兵的模样，带着残兵灰溜溜地逃回自己的国家。

逃亡途中路过一个小镇，国王很饿，就进到一户人家要一些食物充饥，主妇看到他面色灰暗，便心生同情，非常热情地招待了他，并对他说：“我正在烤面包，你帮我看着炉火，这就是我们的晚餐。”国王答应了，但又因太过疲惫而睡了过去，醒来的时候，面包已经糊了。

主妇回来看到烤糊的面包勃然大怒，骂道：“你想吃东西却不愿付出劳动，现在我们谁也吃不了晚餐了！”国王很羞愧，这时女人的丈夫走了进来，大声说：“你在做什么？这个人是我们伟大的国王，你怎么能对他大呼小叫！”

女人听了大惊失色，国王却冷静地说：“她骂得没错，我答应的事没有做好，这是我的失职，就像我身为国王却没有给国民谋取福利，同样是一种失职。”从那之后，国王励精图治，

带领国家渐渐走向强盛。

人生在世，每个人都会犯错，但却不是所有人都能及时察觉自己的错误。久而久之，我们的个性中便有了自负的成分，即使错误摆在眼前，我们也不肯承认。

据说爱迪生晚年的时候，因为太过自负，从来不听助手的建议，所以他晚年的成就大不如从前。越是有成就的人，越容易对自己的错误视而不见，他们太相信自己了，根本不认为自己有犯错的可能。日常生活中，我们往往会因过去的成绩而犯下这种“伟人式错误”，自以为根据过往经验不会出错，结果却使错误不断加深。

慎独追求的是自我完善，这其中很重要的一个环节就是对错误的觉察与坦诚。对于性格中的负面因素，慎独者不会姑息；对于生活、事业上的错误，更不会容许自己重蹈覆辙。

海蒂森正在对父亲抱怨自己的工作，他认为上司是个顽固不化的老古董，同事更是什么都不懂，父亲说：“听你一说，这份工作做起来真没意思，你可以准备辞职了。”

“我也这么想，我已经想好辞职信要怎么写了。”海蒂森说。

“不过你进入公司不容易，不能白白浪费这么好的机会，你把业务流程弄熟了吗？”父亲问。

“还没有。”

“那我建议你把这家外贸公司所有的工作流程，包括进出口的环节、公司运作的方法等都学得明明白白，然后再走。你不觉得这样更能出气吗？”

海蒂森认为这个建议很妙，不但能让自己出气，还能学到很多东西。第二天，他就开始为“离职”做“准备”。几个月后，父亲问：“你还没辞职吗？”海蒂森摇头说：“很奇怪，现在同事们都很佩服我，上司也整天对我笑呵呵的，总经理也注意到我了，要给我升职加薪，我发现自己每天都充满干劲，不想离开了。”

“这不奇怪，”父亲说道，“因为你把所有的时间都用来工作，人人都能看到你的进步。”

海蒂森突然明白了父亲的用意。原来，一直以来，错的都不是别人，而是自己。错误被改正，境遇自然发生了转变。

面对失败，普通人恼羞成怒，慎独者则会一再反思。一个人之所以会失败，有方方面面的原因，自己说不清楚，旁人也未必知道，只有敢于经常在自己身上找缺点，才能排除障碍，弥补不足。

一个对自己负责的人会及时发现错误并担负起因此而来的责任。这样的人不怕犯错，错误会成为他们宝贵的经验。相反，不负责任的人则永远只盯着功劳，把自己的错误推到他人头上，从而失去进步的可能，不会有更大的作为。

敢于正视错误、懂得自省是心智成熟的开始。犯错并不可怕，每个人都会犯错，关键在于能不能及时发现与更正。不能姑息错误，但也不要为一时的错误而丧失信心，要用平常心来看待自己做错的事。人非圣贤，孰能无过？在你坦然面对错误的那一刻，成功正悄然对你敞开大门。

|002| 接纳他人建议，但不为他人左右

正在学习绘画的小明是个有进取心的孩子，他问自己的父亲："怎么样才能画得更好？"

父亲说："明天一早，你挑选一张自己的画放在外面，再放上一支红笔和牌子，上面写上'你觉得这幅画哪个部分是败笔，请用红色笔圈起来'。"

第二天早上，小明将画放在外面，等到了晚上取回时，发现上面全是用红笔画的圈，惨不忍睹，他顿时失去了信心。父亲说："明天一早，你再放一张相同的画，写上'你觉得这幅画哪个部分画得最好，请圈起'。"结果，小明发现这幅画上依然画满了红圈。

"这都是别人给你提的意见，"父亲说，"你可以仔细比较一下，哪些是你的优势，哪些是你的弱点，又有哪些富有争议。能接受别人的意见是好事，更重要的是你还要学会分辨别人的建议，将它们真正变成自己的东西。"

凡事过犹不及，太有主见和太没主见都不是好事。太有主见的人容易刚愎自用，只相信自己的判断，听不进别人的劝告；太没有主见的人容易受别人影响，凡事拿不定主意，只能被别人牵着鼻子走。

慎独要求人能够接受建议，但也要对别人的意见有自己的判断能力，别人提出的好意见不一定能帮到你，“坏”意见也未必会害了你，关键在于这个建议与你的实际情况是否契合。

大四那年，小胡没有像其他同学那样考研或者投简历找工作，而是选择自主创业。毕业后，他开了一家服装精品店，但销售情况却与想象中相距甚远。

见此，朋友们纷纷给小胡出主意，有人说他可以引进一些大品牌，小胡便试着引进了一些，可是在这种小店卖大品牌的衣服，显然效果不如大商场好，小胡赔了不少钱。又有人说，搞促销可以提高销量，小胡也试着促销，也的确出现销售火爆的场面。但小胡发现，别人家促销的赠品都是历年卖不出去的存货，他却是拿着新货当赠品，没几天，他又赔了一大笔。

夜深人静，他坐在店里沉思：朋友们提的意见听起来都不错，但实施起来都出错，照这样下去，有再多钱也不够折腾。出现这样的结果不能怪别人，不经判断就采纳别人的意见，不考虑实际情况就开始行动，必然会为此付出代价。

别人的任何观点都有可能开拓你的思路，让你看到事情

的另外一种可能，所以要多向别人询问，懂得借助他人的智慧成就自己的事业。但千万不要因别人的意见而让自己头脑混乱，在众说纷纭的情况下，你要把握住自己的思想，不断地问自己：什么对我来说是最重要的？我究竟想做什么？什么方法才是最合适我的？

每个人都不能失去自己的“意见来源”，世界上没有那么多诸葛亮，一个成功的人必然有他的智囊团。但他人毕竟不是你自己，有时他们看到的只是表面现象，不了解真实的情况，给不了你最有效的建议。这时候，决断力就显得尤为重要，我们要完全独立地挑选建议并为此负责，出现问题也不要抱怨他人。

成功者会借助他人的力量，但不为他人左右；而失败者却迷信自己的力量，总是被错误的意见左右。只有正确地面对批评和建议，并把决断当成自己的权利，进步才会成为一种可能。一个懂得自省的人，会时时留意这一点，以期得到更大的成功。

|003| 善待他人的同时，接受他人的善待

有位喜剧演员生性随和，从不和人红脸。他长相滑稽，脑后有个大瘤子，当别人拿这件事取笑他时，他也不生气。因为这种个性，喜欢他的人越来越多。

一次，剧团的人正在聚会，饭店里的一个清洁工偷偷对他说："这位先生，能不能请您给我签个名？"正在说笑的演员们打量着这个清洁工，发现他的衣服皱皱巴巴的，一脸的忐忑，便对喜剧演员说："快点儿给他签名，让他出去吧！"

然而，那位演员却没有草草了事，他不但给清洁工写下签名和祝福，还让他坐下来，陪他说了很久的话，最后那个清洁工一脸欢喜地走了。大家不解地问："为什么要对他这样热情？"那位演员说："你们看他的样子，恐怕是第一次向别人要签名，我怎么忍心扫他的兴？这些事对我来说是举手之劳，却能给他带去很长时间的好心情。"

大家听了这一番话，对他更加钦佩了。

当一个人懂得为他人着想，能用平和平等的态度对待身边的每一个人时，他身边的人定会如沐春风。如果我们换位思考，便会发现，妥帖的善意往往更容易令他人接受与信赖。我们平时要多多自我反思，观察自己的言行是否给他人带来了困扰，会不会伤害到他人。

对他人表达善意，自然能得到他人善意的回馈。很多人感叹周围人冷漠，也许问题的源头恰恰在自己身上。当我们内心深处不信任他人时，就会始终心怀警戒，时时握紧心中的拳头以防他人突来的"攻击"。但人与人交往的第一个动作其实是握手，应把手掌放平递给对方，以代表自己的信任和交往的意愿。如果你能够首先卸下防备，自然能够收获他人的友谊。

有位穷困的大学生曾经在大城市读书，过年回家的时候，他身上的钱已经花完，兜里只有一张车票，他要饿着肚子挺过30多小时的车程。中午吃饭的时候，他假装睡觉，一直趴在桌子上。晚上吃饭的时候，坐他对面的旅客看到他身上破旧的棉服，估计他没钱吃饭，就对他说："小兄弟，卖盒饭的来了，我请你吃顿饭吧。"

大学生听后窘得满脸通红，摆着手说："不了！我不饿！"坐在大学生旁边的老人看了他一眼之后没说什么，只是低头看手中的杂志。

又过了一个小时，老人要下车了，便把手中的杂志递给大学生说："这本书我看完了，你留下看吧。"说着拎着行李走向车门。大学生百无聊赖地翻着杂志，突然发现里面夹着50元钱和一张纸条，纸条上面写着："有时候接受他人的帮助是一件困难的事，但如果你能坦然地接受，就成全了一颗善良的心。"大学生看完，感动得掉下了眼泪。

孟子曾经说过：君子莫大乎与人为善。而成全别人的好意也是一种善良，当别人帮助你的时候，坦率地接受并不是一种没有自尊的行为，对于他人的温情，以善良的心去感受就是最好的回馈。

慎独者的心灵应该是外向的，而不是闭塞的、不通人情的。有时候，我们难免封闭自我，当我们能力不足时，就不想接受来自他人的帮助，并把这种帮助视为对弱者的施舍。其实换个角度想想，我们省下钱寄给山区的失学儿童，这究竟是出于怜悯，还是一份想要为别人做点事的愿望？不要用自己偏激的观念扭曲他人的善念，舍掉杂念，人与人的关系才可以更简单、更纯粹。

善待他人是一种高尚的品德，接受他人的善待则是一种平和的心态。当一个人懂得理解他人，就获得了人生最重要的东西：对世界的宽容与爱。

|004| 换位思考，宽容相待

英子的女儿刚刚进入叛逆期，每天都和她发生争执，她想要和女儿心平气和地进行一次对话，却一次又一次以争吵收场。这让英子在无奈的同时，也深深地体会到当母亲的不易。

每个母亲都曾是叛逆的女儿，她们习惯了被母亲宠爱，习惯了顶撞母亲的唠叨，直到有一天她们自己成为母亲，才能理解母亲的用心。这个时候她们才会承认：对待他人，她们往往有更多的爱心，可是对待自己的亲人，她们一直不够用心、不够宽容。英子也是如此，现在她每周都要回娘家陪母亲说话，帮母亲干活。她后悔没有早一点儿明白母亲的难处，没有早一点儿学会换位思考。

生活中，再亲密的人之间也难免出现摩擦。事实上，这些摩擦并不会给双方带来实质性的损失。人们之所以会生气愤怒，往往是因为觉得自己的感情受到伤害，觉得对方不肯为自己着想。换言之，就是抱怨对方不够宽容，不懂得换位思考。

在人际关系中，慎独者会常常反省自己有没有做到换位思考。换位思考是一种难能可贵的思维方式，它要求人们在面对冲突时首先想到的不是自己，而是他人，先想想他人的立场和难处，然后再做决定。我们很难完全为他人考虑，也难以思虑周全，但至少要有这样一种意识，不能总是存在“受害思想”，把摩擦当作对自己的冒犯，同时还应该反问自己：难道我十全十美吗？我同样会犯错，既然我需要他人的原谅，为什么不能原谅他人？

宽容是气量，也是智慧。

明代有个叫杨翥的官员，他是一个有涵养的人，当时有很多人在传诵他的故事。

杨翥有个邻居脾气急，有一次家里丢了一只鸡，他觉得是杨翥偷的，就天天站在家门口大骂：“姓杨的！你太爱占小便宜了，连我家的一只母鸡都不放过！”就这样骂骂咧咧了很多天，周围的邻居都听不下去了，纷纷前来打抱不平，杨翥却说：“姓杨的人那么多，他未必是在骂我。”然后接着不予理会。

还有一个邻居，每到下雨天院子里积水，就把水扫到隔壁的杨翥家。杨翥家地势洼，每次都像发了一场大水。不过，杨翥依然不当一回事。

久而久之，邻居们都知道杨翥对人宽容，纷纷到他家里道歉。杨翥做官后，邻居们听说有伙强盗想要去他家抢夺财产，便在夜里主动守在杨翥家门前，使原本准备“上门”的强盗闻风而逃。

宽容是一种智者才具备的涵养。有智慧的人懂得忍让的重要性，退一步海阔天空，给别人空间也就是给自己空间，退让一步，减少了争执，化解了矛盾，让剑拔弩张的两个人坐下来把酒言欢，这是一件乐事。为什么要为了小事争到面红耳赤？难道你的眼界如此狭小，容不下一粒细微的沙子？我们之所以会计较，就是因为自己不够强，没有强者的心态。试想，一个站在山巅的人，又怎会在意山脚下绊脚的小石子呢？

宽容者不易急躁，也不易失衡，他们的情绪始终平和安稳，这样的人走到哪里都会受到人们的欢迎，因为他们让人感觉到温暖，让人打心底里觉得自己受到尊重、爱护。

想要成为一个宽容的人，同样需要慎独自省。每当恼怒的时候，要静下心想想自己恼怒的原因，以及是否真的值得恼怒；责怪别人时，也要不断告诉自己这个人的优点和曾经给过自己的帮助，而不是反复提及对方的过失。

|005| 真正的帮助要维护对方的尊严

一位中国学者曾经讲过这样一件事：

那时候他在美国留学，发现美国人对残疾人很冷漠，在路上看到残疾人时很少主动去帮助他们。当他把这个疑问告诉他的教授，教授说：这正是美国人的尊重方式。在美国，人们从不用好奇和同情的目光看待那些残疾人，只在他们真正需要帮助的时候出现或者修建一些方便他们的公共设施。他们知道残疾人真正需要的是人们将他们看作普通人。

学者说，当你真正想帮助一个人，首先想到的应是维护他们的自尊，而不是炫耀自己的同情心。只有做到这一点，你的心意才能被对方接受，否则，你的帮助就是一种伤害。

帮助他人之前首先要维护他人的尊严，因为被帮助者常常会因能力不足而产生自卑心理，这个时候如果贸然地施以援手，反而会让他们觉得被人瞧不起。还有的人没有分寸感，你帮助他一次，他就认为你次次都该帮他，这个时候你也要告诉对方自己的底线：我虽然善良，但也有自己的原则，若不想破坏良好的关系，就请注意分寸。

古时候，一位富商心地善良，经常救济附近的穷人，大家都很敬佩他。富商的独生子从小就在父亲的熏陶下长大，也立志做一个乐善好施的人。

这一年年底，有个农民来富商家借米，刚巧家里只有富商的儿子在，儿子知道穷苦的农民到了腊月有时会揭不开锅，心生同情，就拿出一袋米对农民说："这些都给你，拿去过个好年吧。"等到农民走到屋外，儿子想到农民家贫，这些米恐怕无力偿还，就打开窗户喊道："这些米我送给你了！你不用还！"

富商的儿子以为自己做了一件好事，没想到第二天，农民就来到富商家帮忙整理年货，而且声明不要工钱。儿子将这件事告诉父亲，富商说："他这是在用自己的劳动偿还你给他的米。记住，没有人愿意低人一等，做善事不能让人感觉到你是在'施舍'。"儿子这才明白，原来他的行为就像是把农民当作乞丐，伤害了他的自尊心。

君子怀有兼济天下之心，愿意对身在困境的人伸出援手，但要记住，帮助必须是平等条件下付出的爱心，而不是高高在上的施舍，更不是有目的的投资。每个人心中都有一杆秤，对于那些真心实意的帮助，他们永远会记在心里，而对于别有用心的帮助，他们无法心存感激。

此外，千万不要因帮助了别人而产生优越感，有些人会因帮助他人而变得骄傲，觉得自己是他人的恩人，被帮助者应该对自己充满感激之情。这样的帮助其实已经十分功利。帮助别人应是一种自觉行为，没有目的也不该有目的。如果你真的想帮助别人，就不要把帮助这件事记在心上，这才是真正的高尚之人的所为。

|006| 以行动取代空想，梦想在行动中实现

著名哲学家罗素在一所大学演讲，演讲完毕后，一位听众问他："您认为，成为一个伟大的思想家，是不是需要多多思考？"罗素觉得这句话并不完全准确，但一时又说不清哪里有问题，只好点了一下头，那个听众欢天喜地地走了。

那人是个木匠，从小喜欢看书，立志成为一名哲学家。回到家后，他再也不肯干活，整天躺在床上，妻子问他："你为什么不去干活？难道你想一直躺在床上偷懒吗？"

"嘘，我不是在偷懒。"男人说，"我是在思考，不久后我就会成为像罗素一样的哲学家。"

"胡说！"妻子严肃地说，"罗素不是在写书，就是在大学教课或者做研究，他从来不会像你这样无所事事，所以他能成为哲学家，而你注定什么也想不出来，只是一个躺在床上发霉的懒汉！"

思想如果不结合行动，就是空想；谈理想、谈抱负如果

不能付诸行动，就是空谈。不论是空想还是空谈，都没有任何作用，解决不了实际问题，产生不了实际效益。很快，空想会变成不切实际的幻想，空谈会变成夸夸其谈，无论是整天做白日梦的人还是整天说空话的人，都会让周围的人感到厌烦，并被视为一事无成的失败者。

每个人都有很多想法，但想法并不等于思想。有些人看到书上的一些话，就复述出来当作自己的东西，讲给别人听，其实他讲的并不是自己的思想。人的思想的形成包含很多因素，学识只是其中的一方面，一个人的人生经历、社会体验、学习与工作中的心得、与人交往的经历等等构成了一个人的思想，所以每个人的思想都是独特的。伟大的行动需要伟大思想的支持，同样地，伟大的思想也来自行动的累积。

两个即将毕业的年轻人想要有一番作为，但他们尚未想好努力的方向，其中一个年轻人看着远方的铁轨，对另一个说："去公司打工虽然生活稳定，但我觉得趁着年轻，我们应该闯一闯，你看这火车四通八达，靠着它运什么不行呢？我想当一个供货商，把各地的土特产运向全国，你看这个主意怎样？"

另一个年轻人说："你的想法听起来不错，可你不觉得特产并不一定都有市场吗？我觉得不如就在本市开一个小店，这种做法更踏实。"

"我还是想试试。"

毕业后，想当供货商的年轻人用父母出的本钱开了一家专卖各地特产的小店，因为店铺点子新奇、定位准确，没几年，就在全国开了多家连锁店，逐步实现了他的梦想。

一次偶然的机会，他碰到了当年和他一起谈未来的同学，那位同学看上去很不得志，他问："这些年来我一直在做生意，你在忙什么？"那位同学说："这些年我一直在想到底要做什么，我始终没有想明白这个问题，所以一直没有去做。"已经成了老板的他叹息道，"当年如果你和我一样，毕业之后就开一个小店，也许你现在就会大大不同了。"

我们也曾经带着梦想散步，一路上思考着灿烂的未来，并许下种种愿望，那么你的梦想实现了多少？去掉那些客观条件不允许的梦想，有多少想法是因为你的拖延而未能实现的？我们总是想等条件好一些再动手，抑或认为自己的想法还不够成熟，其实这只是用来掩饰自信不足或懒惰的借口。想学游泳的人，第一步应该是把脚伸进水里，而不是站在岸边思考找一个什么样的游泳池。

成功者和失败者的区别其实很简单：前者是实践派，后者是空想派。谁也不是天生的成功者，那些坚持理想的人每天都在努力，那些放弃行动的人只能甘于平庸，也许他们也会怀念从前的梦想，后悔当时没有去行动，但后悔也无法让时空逆转过来。我们要汲取教训，要明白一切梦想都必须在行动中实现，即使遇到问题，也可以在实践的过程中慢慢解决。心动不如行动，与其纠结于怎么做，不如现在就开始做。

|007| 责任与喜好无关，职责所在便要认真对待

小李是一家IT公司的技术经理，也是一个资深乐迷，他的侄子与侄女都在他的熏陶下爱上了音乐。这一年高考，侄女小婕以优异的成绩考上了中央音乐学院，侄女说她最感谢的人就是小李，小李说："我也要感谢你，我从小的梦想就是考进这个学校，现在你帮我实现了这个梦想！"

侄女突然问："没能做自己最喜欢的事，你一定很遗憾，那为什么放弃音乐丝毫没有影响到你喜欢现在的工作？"侄女知道小李当年因为家里贫穷，不得已放弃了学艺术，她一直为小李感到遗憾，同时也不理解为什么小李会有这么好的心态，把工作做得如此优秀。她想，如果不得不放弃音乐的是她，那么她不论做什么都不会快乐，会变成一个整天抱怨的人。

小李说："喜欢不喜欢是一回事儿，做得好不好是另一回事儿。尊重自己的性格和喜好，是对自己负责；尊重自己的工作，同样是对自己负责。不论是对音乐还是工作，这种责任感都代表着成功的能力。"

很多时候，生活并不会按照我们的预想行进，人们大多从事着自己预料之外的工作。然而，无论喜欢与否，该干的事

就要认真做到底。工作是一种责任，一定要认真对待，这代表了一个人的职业素养，如果因为内心不如意而迁怒于工作，只能证明你职场失格了。

在生活和工作中，“没有责任感”是一句很严重的批评。没有人有免责权，成人不能像小孩子那样做事不考虑后果，一旦做了一件事，就一定要承担相应的责任，而不能让别人为你善后。没有责任感的人就像没有根基的植物，只能随风摇摆，并面临随时断掉的危险。对工作负责，也是对自己负责，尊严和荣誉往往体现在一个人的事业中。

彼特和卡德都是A公司的推销员，他们优秀的业务能力是有目共睹的。工作一年后，老板想从两人中提拔一个做销售经理，他决定仔细观察一下谁更有领导者的潜质。

那时候正值年末，老板突然增加了一项任务，让他们帮一个客户解决产品问题。这个客户十分挑剔，所在的城市距离本市至少有三小时飞机的路程，这让本就忙得焦头烂额的两人有些吃不消。卡德对彼特说：“老板突然交代了这个任务，可我太忙了，你能不能自己做一下？”彼特是个老实人，当即答应了。他很快联系了客户，客户很难缠，提出种种要求，彼特和卡德商量：“这个客户太难搞定，你明天要去南边出差，能不能顺路在他那里停一下，亲自了解一下情况？”卡德不悦地说：“我已经说过工作忙，怎么会有时间？”彼特只好自己抽时间去面见客户。

彼特忙了将近一星期，客户仍然不满意，并写了一封投诉信到总公司，扬言要中断明年的合作，老板找到彼特和卡德询问情况，卡德连忙说："这件事是彼特在负责。"彼特诚实地说："的确是我的责任，我愿意接受公司的处罚。"老板板起脸对卡德说："我明明把工作交给了你们两个，为什么全由他负责，而你却什么都不干？"

卡德哑口无言。原来，这是老板事先和客户商量好的测试。在这场耐力与责任的测试中，彼特顺利通过，成为新任销售经理，而卡德仍是一个推销员。

责任感与喜好无关，有责任感的人不会因个人情绪而影响工作，他们受到打击不会懈怠，遇到不公也不会抱怨。

责任感与事业心相辅相成，事业心越强，责任感就越强，而责任感越强，成就便越大。有责任感的员工从不推诿，这样的人让人产生信任感，即使他们中有人资历尚浅，人们也愿意给他们机会，因为他们相信，没有责任感的人喜欢逃避困难，有责任感的人总是迎难而上，责任感一定能督促其靠自身力量摆脱困境。

慎独，归根结底也是一种责任，对自己的责任、对他人的责任、对社会的责任。一个人能够内省，是因为他做任何事都有责任感。当你想要偷懒、想要放弃时，不妨想想自己肩头的责任，检讨一下自己是否松懈了。人生在世，始终秉持一个最平凡的信念：在别人的信任下开始做一件事，一定要把它做完，不管结果如何，至少要尽自己所有的努力，责任就是如此重要。

第七章 本色

不屈世俗，坚定自我

在世俗的声音中，不盲从于外界，活出属于自己的人生。活出真我是慎独者对自己的期许，没有什么东西能够剥夺你内心的欢喜与期望。世事无常，不能处处尽如人意，但求无愧于心。

|001| 做自己是人的第一天职

一位女演员最近接到某著名导演的邀请，去他的新戏里出演一个重要角色。所有演员都知道这是个难得的机会，可是这名女演员在反复商谈后却推掉了邀约。

媒体纷纷猜测女演员这样做的原因是嫌报酬太低或者与导演意见不合，又或者与同一剧组的另外一位演员有矛盾，不愿和对方配戏。

然而，这些猜测都被女演员的一句话否定了，她说道："拍戏时间太紧，我不但有一个月的时间不能陪我的孩子上下学，还会错过她学期末的家长会。"

很多人替女演员感到惋惜，她却坦然地说："对我来说，我首先是一个母亲，然后才是演员。一个不能做好自己的人，怎么能演好戏呢？"

挪威剧作家易卜生说过："人的第一天职就是做自己。"多数人并不了解这句话的含义，那究竟怎样才算"做自己"呢？我们可以观察一下自己的日常生活：在家庭里，我们扮演着儿女、伴侣或父母的角色；在工作场合，我们是员工、下属或领导……很多时候，我们的角色是他人定的，有时甚至做着自己不愿意做的事，而只有当我们所做的事是完全发自内心的，我们才是在“做自己”。换言之，我们的选择应发自本心，我们是在为自己的意愿而行动。

慎独者必须“做自己”，但总是有太多理由让我们放弃自己的主张而屈就于他人。我们可能为父母的意见放弃自己喜欢的专业，为朋友的邀约而放弃原本的计划，为恋人的喜好而放弃自己一向的穿衣风格……很多选择其实并没有利弊之分，只是我们会慢慢地在不知不觉间违背了自己的原则，失去了自我。

唐朝时，一位远近闻名的侠客独创了一套剑法，很多人慕名前来向他挑战，都成了他的手下败将。一天，侠客在山村发现了一个小男孩，独具慧眼的他一眼就看出男孩是个学武的奇才。更难得的是，这个男孩不但头脑聪明，心地还很仁厚，侠客相信经过自己的栽培，他一定会成为新一代的大侠。

可是男孩并不接受侠客的提议。这个孩子从小就爱做木工活，每天拿着几把大大小小的刻刀到处雕东西，不论侠客如何劝说，孩子就是不肯放弃自己的爱好，侠客只好离开。

转眼20年过去了，老态龙钟的侠客路过当年孩子居住的山村，想要看看那个男孩。男孩早已长大成人，如今是村里有名的木匠，但生活并不富裕。侠客问他是否后悔当初没跟自己学武，木匠说：“我最大的快乐就是听别人夸奖我做的活儿比其他人都好，有没有当侠客又有什么关系呢？我不觉得可惜！”侠客当下释然，悠哉而去。

一个人能坚持自己的喜好并从中得到乐趣就是一件了不起的事，不论他是否获得名望、是否得到世俗意义上的成功。坚持做自己其实并不是一件容易的事，人们很容易受到外界的影响而改变自己最初的想法，我们常常听到有人说：“我小的时候最喜欢……但后来在父母的劝说下放弃了，现在还觉得后悔。”是的，在别人的劝说下放弃自己喜欢的东西，之后一定会后悔的。

最了解自己的人永远是自己，不违背自己的本心，这是对自己最大的肯定。不违背本心，就是认清自己，了解自己需要什么，做自己的主人，只有这样的人，才能牢牢地把握自己的命运，实现人生的价值。要记住，一切决定权都在自己手中，没有人能剥夺。做好自己是走向成功的第一步。

|002| 坦然接纳自己，为自己的独特喝彩

一位模特嘴角长了一颗黑痣，这颗黑痣给她的模特事业造成很大影响，每当她想要得到一个机会，主办方总是遗憾地说：“如果你愿意去掉这颗痣，我就愿意给你这个机会。”就连她的朋友们也纷纷劝导她：“把痣去掉吧，这颗痣影响了你的形象。”

然而，这位模特却没有因接二连三的挫折而改变想法，

她认为那颗黑痣是自己的标志，有了黑痣，她在人群中显得更加突出。她没有听从别人的劝告，继续辛苦地寻找机会。多年后，当她终于成为世界级名模，人们提起她时，总是最先说出：“她有一颗非常性感的黑痣。”

残疾人并不独特，但张海迪是独特的；耳聋目盲的人并不独特，但海伦·凯勒是独特的……她们的独特不在于身上的瑕疵或取得的成就，而在于对自己的认可与接受，以及由此获得的尊重与敬佩。这些真诚的情感构成独一无二的个体。她们能够坦然接受自己的缺陷，不因自身瑕疵而自卑，并始终坚信自己的生命是有价值的、独一无二的。

坦荡的最高境界是自我接受，慎独的最高境界是自我战胜。不论外界如何评论，有些人都能潇洒地走自己的路。他们懂得欣赏自己的优点，这种欣赏并非出自自哀自怜，也并非过度自信，而是对生命本质的认可，也是对自我的肯定。这样的人在任何时候都不会向挫折低头，也不会向困难妥协，他们不会看轻自己，他们相信只要自己不屈就于世界，世界就会肯定自己。

一家公司招了五个新人，有四个毕业于名牌院校，只有一个女孩来自小城镇，毕业的院校也不如其他四个那么知名。进入公司后，这个小城镇来的女孩觉得自己处处不如人，工作时也小心翼翼，大家总觉得她比别人慢一拍。

每次上级布置一个任务，她都不敢把自己的方案交上去，当其他四个人都提交了方案，上级已经有了选择，她才最晚一个交上去，可因为交得太迟，上级也懒得去看。但事实上，她是一个很有想法、很有头脑的人，她的企划也做得不错。这种情况持续了整整半年，直到有一次，上级无意中看到了她的提案，发现她是一个特别有才华的女孩，这才开始一步步提拔她，女孩也终于有机会一展所长。

有时，一个人的才华不是被环境埋没的，而是被自己的自卑埋没的。有些平凡的人会把自己变得独特，有些独特的人却使自己甘于平凡，认为自己处处不如人，什么事都不敢积极争取，遇事只想到退后，这其实是对自己才华的浪费。

我们不但要对他人宽容，也要对自己宽容，不要为自己的缺点苦恼，因为无法喜欢自己的人很难被他人喜欢，更不懂如何去喜欢他人。一个自我厌恶感强的人，对周围的一切都抱有敌视态度，他们情绪不稳定，无法与周围的人和平相处。那些不能欣赏自己，总是否定自己的人，即使有满腹才华，也不敢向前迈出一步，只能眼睁睁地看着机会溜走。

欣赏自己、肯定自己，关系到我们能否准确地为自己的人生“把脉”。为此，你不妨仔细盘点一下自己的优点，或者问问身边的人为什么喜欢自己。只有掌握了自己的优点，才能发掘自己独特的一面。在人生的盛宴上，每一个人都不是永恒的焦点，你就算坐在无人的角落里，也要鼓起勇气，为自己干杯。

|003| 别让流言蜚语影响你的判断

方音在读研究生的时候曾经遇到过这样一件事：那时很多学生一起参加一个外语补习班，其中一名叫林的漂亮女孩给方音留下了深刻印象。这个女孩性格好、重义气，和方音成了好朋友。后来方音听说林是个模特，还曾经做过广告代言，小有名气，而且每天放学后都有一辆名车来接，同学们都劝方音离林远一点儿。

然而，方音却不把这些谣言放在心上，继续和林保持着朋友关系。在一次闲聊中，林不经意间说起今天要打车回家，因为爸爸今晚要去和老朋友吃饭。

“你爸爸每天都来接你吗？”方音问。林点点头说：“对啊，自从我赚钱给他买了一辆车，他每天都会来接我。”原来这就是谣言的真相，方音哑然失笑。

流言蜚语是每个人都会面对的问题，每个人处理的方式也有所不同：有些人喜欢做谣言的传播者，将其作为茶余饭后的笑谈；有些人喜欢添加不实言论，以丰富谣言的“精彩”程度，却在不经意间诋毁了他人名誉……在信息爆炸的时代，没有人能完全屏蔽谣言，但却可以选择理性应对，得体地应对谣言体现了一个人的修养与格局。

慎独者会警惕流言蜚语，因为他们知道谣言会对人的心理产生很大影响。人们说谎言说一百遍就会成为真理，一旦听得多了，难免会被信息误导，如果以谣言作为判断事物的基础，十有八九会得到错误的结论。

别人说的话真真假假、假假真真，我们很难一一调查，甚至有些谣言听上去还有模有样的，就好像真的发生过。一旦面对这种情况，我们首先要避免自己随波逐流而成为谣言的传播者。在心中保留疑问，不对别人说自己不了解的事，也不轻易相信那些无事实依据的小道消息，才能时刻保持内心清明。

某高校物理系的导师要做一个实验，他让所有学生自由组队自愿参加，构想最好的一组就能进入他的实验组。李明和张敬成为搭档，日夜绞尽脑汁，刚有了初步构想，李明突然对张敬说："我们不用想了，我听说这次加入实验组的人选早已内定，招标只是走个形式。"

"谣言恐怕不可信。"张敬谨慎地说，"对这样的实验，老师应该不会胡乱定人选，何况就算他内定了，我们也要好好表现，就算这次不能进，下次他也会优先考虑我们的。"

在张敬的坚持下，李明和他一起写好了详细的方案，最终成功进入了导师的实验组。李明不知道那些谣言是从何而起的，只是庆幸自己听了张敬的话，没有因一句谣言而放弃努力。

很多人的思想就像随风摇摆的野草，不但芜杂，而且没有韧性：别人说了几句话，想也不想就信以为真，甚至改变自己原本坚持的做法；对还未接触的人，只是听别人说这个人不好，就放弃了接纳；做事之前，仅仅是听别人说这件事很难，就放弃了。在风言风语中摇摆的人，会被他人言语左右，进而丧失自我判断，这就等同于完全生活在别人的阴影下，失去了自己的声音。

如何消除谣言对自己的影响？最重要的是有自己的主见，要对事物有坚定的认识，任谁说什么都不要扰乱自己的想法与行动。我们在判断一个人、一件事或一个观点时，应该凭借的是自己的经验、自己的感觉和自己看到的事实，而不是别人说的话。只有做到这一点，我们才能真正成为一个能独立思考的、意志坚定的人。

|004| 放下虚荣比较，活出自己想要的人生

王军曾是一个成功的商人，后来生意失败，欠下一大笔债务，名下资产也相继被拉去抵债。他习惯了呼风唤雨、挥金如土的生活，突如其来的贫困使他的心情跌到了谷底。

为了不让朋友看不起自己，他和朋友出门仍然会开一辆租来的私家车，甚至不顾妻子的反对，继续雇用两个钟点工。

这一切不过是为了让别人看到自己还在过好日子。

老朋友们都知道他现在负债累累，都不明白他为什么还在乎那光鲜的外表，王军却宁可省吃俭用，也不能被人看到自己的落魄，让人笑话。

虚荣是人很难克服的心理障碍，而且虚荣者会给自己的行为找一个冠冕堂皇的理由，比如自己想追求更好的生活，想得到更高的地位，想让自己和家人更幸福。这种初衷当然是好的，但虚荣者常常偏离这个方向：当他们获得成绩，最在乎的是他人的夸奖；当他们有了好的生活，最想得到的是他人的羡慕。随着虚荣心的加深，他们追求的仅仅是他人的艳羡，而非幸福本身。

虚荣者的内心是痛苦的，他们常常用尽心思去支撑一个空架子。他们也知道，只要放下那个架子，生活就会变得简单祥和，但内心就是舍不得，所以虚荣者比一般人活得更累。

张洁是一个在外企工作的白领，父母给了她一套房子，她又用自己的存款买了一辆不错的车，每个月的工资也不低，生活可谓顺心顺意，可张洁常常觉得不开心。

使张洁不开心的原因有很多：她的工作虽然不错，但好几个朋友比她的收入更高；她有房子，但房子的位置不如同事家的好；她觉得自己的车档次太低、开不出去……这一天，张洁买了一个新款的名牌手提包，当她拎着包高兴地走进办公室后，却发现另一个女同事也拎了一个新包，价格却比她的贵上一倍。一连几天，张洁都沉浸在糟糕的情绪中，新买的包也被扔进了衣橱，再也不想用。

虚荣为原本美好的生活蒙上了一层阴影。慎独者能摒弃虚荣，将目光用于欣赏自己的生活，而非紧盯着他人。俗话说："人比人，气死人。"没有人能在各方面都做到第一，总会有人更优秀、更富有，而且这样的人还不止一两个，如果挨个进行比较，我们不知道要失望多少次。其实，最好的办法是自己和自己比，看看自己能力有没有提高，生活有没有过得更好，这样既可以避免因虚荣而产生苦恼，又能鼓励自己不断进取。

世上的一切事物都有两面性，不必拿自己的不好去对比他人的好，与其一直生活在虚浮的比较中，不如问问自己是不是尽到自己最大的努力过上了想要的生活，而不是费尽心机地去过给别人看的生活。

|005| 通过他人全面地认识自己

眼看着身边的朋友一个个都成家立业，小丽心里有点着急了。

小丽今年29岁，是某重点高中的外语老师，她个性温柔文静，相貌清秀，但至今还没谈过恋爱，相亲多次都没了下文。小丽心里着急，却不知道究竟哪里出了问题。实在没办法，小丽只好请介绍人帮忙问问那些和自己相亲的人到底对自己哪里不满意。

很快，介绍人告诉小丽：一开始大家对小丽都很满意，觉得她又漂亮又温柔，一看就会是个好妻子。但相处几次就会发现，小丽太过封闭自己的心，不爱敞开心扉与人交流，对方得不到回应，也渐渐以为小丽对自己不满意，联系自然就少了。小丽这才注意到自己平日太过寡言少语，即使对迎面走来的同事，也不爱主动打招呼。对不了解自己的人来说，这种态度就显得有些冷淡和不友好了。自此之后，小丽开始注意与他人沟通，多了一些主动和热情。很快，她身边就有了追求者。

古希腊的神庙里有一句箴言：认识你自己。可见，人生下来首要的一件事就是了解自己，了解自己的缺点和优点，认识自己的能力和潜力。但在现实生活中，我们做的事恰恰相反，在尚未全面认识自己、不知道自己能做到什么程度前，就急于踏入社会、了解世界。

所以，要想更好地认识自己，就不要孤立自我，要在自己周围建立一个“纠错网”。

日本保险业泰斗原一平在27岁时进入日本明治保险公司开始推销生涯。当时，他穷得连饭都吃不起，并夜夜露宿公园。

有一天，他向一位老人推销保险，等他详细说明之后，老人平静地说："你的介绍丝毫引不起我投保的兴趣。"老人注视原一平良久，接着又说，"人与人之间，像这样相对而坐，一定要具备一种强烈的吸引对方的魅力，如果你做不到这一点，将来就没什么前途可言。"原一平听后哑口无言，冷汗直流。

老人又说："年轻人，先努力改造自己吧！"

"改造自己？"

"是的，你在替别人考虑保险之前，必须先考虑自己，认识自己。"

"考虑自己？认识自己？"

"是的！赤裸裸地注视自己，毫无保留地反省，然后才能发现自己的不足。"

原一平接受了老人的教诲，策划了一个"原一平批评会"。此会的目的是让别人能坦率地批评自己，所以他确定了下列三项原则：一、集会要使人人都能畅所欲言，所以人数不能多，以五人为限；二、为了让更多的人有批评的机会，每次邀请的对象不能相同；三、既然是他主动邀请别人来的，别人就都是他的贵宾，一定要热情地招待他们。

一切准备就绪，他立刻去拜访了几个关系较好的投保人，并诚恳地对他们说："我才疏学浅，又没有上过大学，因此连如何反省都不会，所以我决定召开原一平批评会，恳请您抽空参加，对我的缺点加以指正。"这些人觉得这种性质的集会很有意思，很痛快地答应了。

原一平把大家提出的宝贵意见一一记下来，随时反省自己。随着批评会的定期举行，他发觉自己也在渐渐蜕变。经过一次又一次的批评会，他逐渐进步、成长。他把在批评会中获得的改进用在每天的销售工作中，业绩直线上升。

认识自己不仅要听得了夸赞，更要能听得进批评。我们的心灵难免落上灰尘，批评的声音就像一阵风，帮我们吹走浮尘，显露出缺点和不足。请学着感激那些愿意批评我们的人，因为有他们，我们才能够更加全面地认识自己，进而有了更多提升自我的机会。

|006| 不为迎合他人而丧失主见

一个女孩正在化妆，她看着自己镜子里清秀干净的妆容，觉得非常满意。

这时女孩的姐姐走进来说：“妹妹，我认为你把头发盘起来会更好看。”姐姐是资深美容师，听她的话准没错，于是女孩连忙让她帮自己盘起头发。

此时，上大学的妹妹走了进来，对她说：“姐姐，我听说你要去参加宴会，你应该更潮一点，我给你化一个眼妆吧。”女孩听从了妹妹的建议，画了一个另类的眼妆。

这时，她的哥哥递进来一个盒子说：“妹妹，这是你未来嫂子送你的礼服，你穿上一定光彩照人。”艳红色的礼服很美丽，女孩高兴地穿上了，可是她悲哀地发现，礼服的颜色和自己被化得烟熏火燎的脸极不搭配，就连发型也变得奇怪。她看着镜子，找不到方才那个清秀美丽的女孩，只看到一个“四不像”。

有时候，一加一未必等于二，还可能起负面效果，尤其是当我们为了迎合他人而丧失主见的时候。日常生活中，我们难免迎合别人，有时候是因为自己没有主意，有时候是因为不想拒绝别人的好意，还有的时候是为了博取别人的好感。不论如何，迎合别人都会使我们因达到他人的目标而失去自我的特色。

每一个参加过高考的人都曾为专业选择而烦恼。选择专业时的根据无非是三点，兴趣、专长和就业。偏偏很多人读书多年，没有爱好也没有专长，在填报志愿时迷迷糊糊，根本不知道该选择什么专业。

石越当年就碰到过这个困境。他是理科生，各科目的成绩都不错，家里有人让他报物理，有人让他报化学，学校的老师则希望他考虑电气自动化，正当大家为他的前途争执不休时，石越自己却选择了学习经济学。

经济学是一个文理生兼招的专业，但总有人说这个专业毕业后的出路不如纯理工专业的学生，因此石越的这个决定也遭到所有人的反对。而石越却有自己的打算，他觉得自己的理科成绩虽好，却不想搞研究，不如去学经济。不管旁人怎么劝，他都不动摇自己的选择。后来，石越在一所不错的大学完成了本科学习，又成功地申请到国外著名的工商大学，毕业后顺利进入一家著名的证券公司。

大家都说“当局者迷，旁观者清”。有时候我们觉得迷茫，需要有智慧的人为自己“指点迷津”。也有的时候，有人愿意充当人生导师，为你“指点出路”。但别人不是你，不知道你到底喜欢什么、需要什么，他们选择的也许是好的，却不一定是你满意的，学会拒绝别人的好意，选择适合自己的才是最重要的。

意大利文学家但丁曾经说过：“走自己的路，让别人去说吧。”这也是一种慎独思想，强调自我的主张与坚持。

我们能够选择的道路只有一条，如果它属于别人，自然会布满别人栽种的花木或杂草，而不是我们自己想要看见的景致。但如果选择一条无人涉足的道路，则会引来旁人的议论和猜测，他们会说这条路如何艰难，这样做不会有任何结果。这个时候，如果你不能坚持走下去，就会再次回到别人的道路上，永远活在别人的意见中。永远不要为了迎合别人而改变自己，所有的改变只能来自你的决心，唯有如此，你才能坦然面对结果，心甘情愿，无怨无悔。

|007| 与其抱怨现实环境，不如积极改变心态

一家国营老字号饭店宣布倒闭，饭店的厨师失去了工作，只能去一家个人开的餐馆打工。这位厨师怀念从前的工作氛围，觉得现在降了好几个层次，不能做以前那些名品菜肴，只能做一些家常小菜，他的心情越来越郁闷。

厨师曾想过辞职，可是谋生不易，必须有一份工作让他糊口。带着这种心态，厨师根本无心钻研菜谱、制作更好的菜式，没过多久，他连餐馆的工作都保不住了。很显然，这位厨师权衡得失的标准出了问题，他忘了不管在大饭店还是私人餐馆，做菜是他的工作，他必须同等对待。

有时候，我们对环境不满，对生活不满，会觉得环境压迫着自己，事事不顺心，时时不如意，生活中没有多少快乐，每天都有一连串的烦恼。因为无法认同当下的生活环境，我们总想过另一种生活，但有一天真的换了一个环境，最初几天的新鲜劲儿过后，又会发现围绕自己的仍然是繁琐的小事，心情依然糟糕。

其实，真正的问题不是环境，而是心态。心态就像有色眼镜，是我们观察世界的媒介，如果它是暗色系的，当我们戴

上它看待生活，生活自然毫无光亮。反之，如果我们戴上暖色系眼镜来观看生活，即使有不快，也藏着光明的、鼓舞人的一面，让我们不致丧失信心、悲观消沉。

外界环境不过是对人的一种考验，不论外界环境是好还是坏，只要我们的内心平和安稳，就能不受影响，这就是慎独者的思维方式。不被环境左右，首先要保证“心正”，即对生活没有那么多不切实际的要求，如果一个上班族整天想着住豪宅、开名车，而不是提高个人能力，这就是“不正”。心正的人清楚自己应该做什么，而不是幻想着环境有一天突然改变，突然万事顺意。心正的人不苛求生活，能在不如意的环境中寻找机会。生活并不会吝啬对那些善待它的人，它同样会以善意回报。

很久以前，有个男人找不到合适的工作，只能开一家小餐馆，勉强糊口。他没有多少启动资金，每天贩卖的不过是面包、香肠之类的快餐，比起那些大的餐饮店，他的生意可想而知。眼看着餐馆里的客人越来越少，男人决定不再租赁昂贵的店铺，而是买了一个手推车，备好快餐沿街叫卖。

一天中午，劳累了几个钟头的他将车里的面包和香肠卷在一起，他突然发现这是一种很好的吃法，假如能把香肠夹在面包里贩卖，顾客只需要用一只手就能吃，不是省了顾客很多麻烦？带着这样的想法，男人回家潜心研究，制作了方便携带的火腿面包，果然大受欢迎。他的生意越来越好，很快又开起了新的餐馆，专门卖便宜又便利的快餐。

机遇总是藏在不起眼的事物中，就看人们能不能发现，但多数人都会被困境蒙蔽双眼，当他们在抱怨的时候，就错过了不幸中隐藏的幸运。

“慎独”代表一种平和的心理状态，这种平和是向上的、积极的。人们常说心态决定命运，如果把一个乐观的人和悲观的人同时放到沙漠里，乐观的人会始终想着自己身上还有水和粮食；而悲观的人却总会忧虑身上的水和粮食不够用。行走于命运的沙漠，我们常常觉得自己正在进行艰难的跋涉，身上只有有限的食物，周围全是困境。这时，积极的心态能够让我们充满干劲儿，而消极的心态则会阻碍我们的步伐，让我们在原地消沉。

慎独者往往善于调整自己的心态，对他们和对困难有清醒的认识，但依然保持乐观。这种乐观不是盲目的，而是来自内心深处的自信。他们相信一切困难都可以克服，因为命运在设置障碍的同时也给了人排除障碍的双手与头脑。他们始终明白“狭路相逢勇者胜”，只要坚持到底，困难一定会迎刃而解。

|008| 正确对待赞美与批评

一个成功的作家向记者展示他的书房，记者看到作家的藏书种类繁多、门类齐全，进入其中像是走入了知识的海洋，随后，记者留意到书桌对面的墙上挂着一个不大的玻璃相框，走近一看，里面是一张普通的信纸，上面写着："尊敬的××先生，我曾是您的忠诚读者，但我发现最近几年，你的写作水平下降得厉害，你已经没有昔日的激情，而且经常卖弄你的学识，用不严密的逻辑代替了过去的透彻……"

这封信不长，写信者言简意赅地批评作家的过失，这样的信竟然被作家悬挂在书房里，记者颇为佩服地看向作家，作家说："我成名后，有几年的时候一直都处在飘飘然的状态中，所有人都称赞我的作品好，但接到这位读者的来信后，我像是被打了一棒子，拿出他批评的作品逐字逐句地阅读，果然发现了他说的那些问题。后来我把这封信挂在书房，就是为了让它能在每时每刻给我一棒子，让我保持清醒，写出更好的作品。"

慎独者不拒绝赞美，赞美是动听悦耳的声音，能够鼓励一个人坚定信念，发扬优点，但赞美过多会让人丧失警觉，放松对自己的要求。当一个人被赞美环绕而陶醉不已时，他就再

也听不到批评的声音，这就是故步自封的开始。

慎独者欢迎批评声，但批评常常令人厌恶，每当我们为自己的作为感到自豪和得意时，批评就像一盆冷水当头泼下，破坏了我们的好心情。一个经常被批评的人容易信心不足，找不到自己的价值。但是，批评比赞美更不可缺少，一个人缺乏赞美仍会前进，而一旦少了有益的批评，就会停滞甚至倒退，所以古语说："偏听则暗，兼听则明。"

古时有位神射手可谓百发百中、人人称颂。有人发现他每次参加射箭比赛都用棉花塞住耳朵，就好奇地问他原因。

这个人的回答很真诚也很谦虚："这么做的原因很简单，我还年轻，心态不稳，听到别人说我优秀就沾沾自喜，以为自己是天下最好的射手。听到别人说我不好，我便怀疑自己，觉得自己有很大问题，所以才塞住耳朵。"

又过了几年，人们发现这位射手不再塞住耳朵，他们又起了好奇之心，射手的回答依然很真诚："经过几年的磨炼，我终于想明白了，别人和我有什么关系？又能有多大的关系？我需要做的只是专心致志将箭射向远处的靶心。而且如果别人说的是有益的建议，我能将其记在心里，随时改正，不也是一种进步吗？"

听到这些话，人们不由心生钦佩，看来这位射手不但有自知之明，能够胜不骄、败不馁，更难得的是他能把赞美当作浮云，却愿意把批评记在心中。

射手的心路历程就体现了慎独者对外界声音的接受过程。从一开始的有选择到后来的海纳百川，慎独者知道，不论是赞美还是批评，听多了都有坏处；但如果完全不听，与他人缺乏交流，久而久之就会摸不清自己的缺点和优点。因为我们都是凡人，没有那么强大的自控能力能够随时做出准确的判断，我们需要参考外界的意见，倾听他人的声音，以此来端正自己的行为，修订自己的计划，保证我们的路走得笔直、走得畅快。

慎独者对待他人意见的态度常常如下：将赞美留在别人嘴边，让喜欢赞美他们的人尽情去赞美，自己则要谦虚，不要被荣誉冲昏头脑；对于他人有用的批评则要时刻记在心上，以鞭策自己改正缺点，做得更好。

第八章 行事

天下大事，必作于细

千里之行，始于足下；百里长堤，溃于蚁穴。利与弊、成功与失败都取决于最初那个微小的结点。智慧的人有危机意识，时刻保持谨慎的态度，留意事物的每一个细节，关注内心每一个细微的变化。防微杜渐是慎独修身的重要部分，它要求我们对每一件小事都做到心里有数，既有力拔山兮之勇，又有心细如发之思。

|001| 没有危机意识是人生最大的危机

城里突然起了一场大火，全城的人都在大叫着去救火，护城河里的一只小鱼对同伴们说："城里着火了，我们赶快跑，不然就来不及了！"

其他的鱼儿奇怪地问："河里又不能着火，我们很安全，为什么要跑？"

小鱼紧张地说："城里的人一定会来护城河打水救火，到时候河干了，遭殃的就是我们，赶快逃吧！"其他的鱼儿在水里游来游去，嘲笑小鱼胆小，它们说："你可真天真，护城河的水怎么会干呢？"小鱼没办法，只好自己游走了。

火一连烧了几个钟头，全城的人都拿着木桶去护城河里提水，护城河的水越来越少，最后，火终于扑灭了，但护城河已经干涸，没有逃掉的鱼儿全都死在了河底。

"城门失火，殃及池鱼"，这个故事对今天的我们仍然有警示作用。慎独的"慎"字，突出的就是一份慎重，一份在细枝末节里察觉到危险的意识。

安逸的环境往往会让人忽视了生活中的风浪，以为只要按部就班地生活，生命中的任务就会按照计划一一顺利完成。

事实上，计划没有变化快，意外时时都在发生。

危机意识是什么？它首先是对生命的一种警示。就像汶川地震后，人们自发地学习如何防震，即使所在的城市发生地震的概率极小，但谁又能保证它绝不会发生呢？多学一点自救的知识，无论是发生地震还是火灾，都不会慌手慌脚，不知该如何保护自己。未雨绸缪绝不是杞人忧天，我们必须保证自己有足够的能力面对可能出现的意外。

此外，危机意识还应该是对未来的深刻认识。凡事从表面上看都是安稳的、平和的，但以长远的眼光来看，平静不是永恒的，危机也许就在下一刻来临。我们不能时时活在对危机的恐惧中，但要做到心中有数。我们应对危机的方法不是退缩逃避，而是事先做好准备，以备不时之需。

在古代，修建工程的工匠们最怕遇到白蚁，他们会做很多措施来预防白蚁的出现，并告诉使用者千万要留心观察，一旦发现白蚁，立刻杀死。

“可是，几只小小的白蚁能造成什么危害？”一个孩子问工匠。

“千万不要小看白蚁，它们能够把木材、石头啃穿，再坚固的东西都能摧毁，且繁殖能力强，即使只有一只，我们也要小心它的危害！”工匠说。

“难怪古人都说，‘千里长堤，溃于蚁穴’，原来是这个道理。”孩子说。

大祸往往源于细微，从细小之处开始防治，才能保证安全。生活不是过马路，没有那么多红绿灯和斑马线提醒我们时时注意，我们能够依靠的只有自己的危机意识。世界上的事物之间都有千丝万缕的联系，既然无法预料一件事可能导致的后果，就不要轻视它。

慎独者不但做事要谨慎，更要有危机意识。每个人每天都要面对纷杂的琐事，面对诱惑，意志不坚定就可能走上邪路；面对痛苦，太过消沉就会迷茫；面对烦琐，太过烦恼就容易生出抱怨……这些小事不断地冲击我们的灵魂，让我们深受其害，所以必须时时关注自己的内心，警惕微小的念头酿成不良的后果。

|002| 成功需要等待，沉得住气才能发得出力

曾经有这样一把宝剑，它由著名的铸剑师用上好金属打造，剑刃锋利，剑身泛着清冷的寒光，靠近的人都会被其剑气吸引，不由得夸赞一声："好剑！"

铸剑师对它爱不释手，给它做了上好的剑鞘，当他想要给宝剑套上剑鞘时，宝剑抗议说："难道我不应该让所有人欣赏，怎么能套上剑鞘呢？"

无论铸剑师怎样劝说，宝剑都不肯乖乖套上剑鞘，铸剑师没办法，只好将它悬挂在正厅的墙壁上供人观看。没多久，这把坚决不用剑鞘保护的宝剑光芒尽失，浑身都是锈，再也没人夸奖它了。

宝剑不知道，如果没有剑鞘的保护，它面对的不只是他人的赞美，还有灰尘的堆积、水汽的锈蚀，于是很快便会生锈，导致人们再也看不出它本来的面目。宝剑的用处是临敌制胜，在恰当的时候抽出，才能发挥它最大的作用，但平日如果不妥善收起，它的剑刃会伤害到别人或自己，就辜负了铸剑者的本意。所以，人们给宝剑加上剑鞘，为的是让它们不随意伤人，也不被外界伤害。

人的性格有时也像一把剑，有才能、有实力的人难免会有锐气，他们不喜欢自己的光芒被掩盖，总是想成为众人瞩目的焦点。为此，他们无时无刻不在吸引别人的眼球。可是，太过高调的人就像一把没有剑鞘的剑，过早损耗了才华，也丧失了进步的可能。

少林寺有个武艺高超的和尚，他收了三个俗家弟子教授他们拳脚功夫。大弟子天性聪慧，二弟子博学多才，三弟子资质平平。

转眼八年过去了，师父说："你们的功夫已经学成，我没什么再教你们，今天你们就可以下山去闯荡江湖了。"三个弟子含泪给师父磕了头，在少室山下分开，和尚的佛门弟子说："这三位师弟出去后，老大和老二不久就会名扬江湖，老三嘛……"师父摇了摇头说："你哪里知道，老大和老二固然能够名扬江湖，但只有老三能真正做出一番成就。"

弟子大惊，问道："师父何以这样肯定？"

"我和他们相处了八年，老大和老二天资好，但他们沉不住气，有什么东西都要立刻表现出来，老三却不一样，他每天都会把学到的东西反复思考、反复练习，不懂的部分就在深夜找我讨教。老三看上去最不起眼，但早在三年前，他的功夫就已经超过了两个师兄。"

后来，三弟子果然如和尚所言，成了扶危济贫、人人称赞的侠客。

"沉得住气"是成功的重要能力，也是慎独者对自己的告诫。机遇是需要等待的，在此之前，如果你已然乱了阵脚或者放弃阵地，那么机遇来了你也把握不住。古时作战讲求一鼓作气，两军对垒，实力相当，沉得住气的将军会选择保存实力，然后时而动；沉不住气、一次次冲锋的队伍，往往会因士气和力量衰竭而败溃。

古时琴师弹琴讲究一种最高境界，即收放自如，一首曲子不论激昂还是哀婉，能做到说弹就弹、说收就收，这是对琴师技术的极大考验。当他们弹琴的时候，听众会为此陶醉；当他们停止的时候，听众仍沉浸在琴音的余韵中。

慎独者也追求收放自如的境界，蓄势时内敛沉静，出鞘时行动如风。与其把自己暴露在空气中，不如做一把有剑鞘的宝剑，沉得住气、耐得住性子，慢慢蓄积自己的能力；不轻浮、不炫耀，凡事三思而后行，保证行动的效率，如此才能让他人仰望你。

|003| 世界上的大事都是由小事组成的

剧院里即将迎来一个外地舞团的演出，记者们提前到场。一位记者看到，一个清洁工正在来来回回擦拭舞台上的木质地板，那地板光可鉴人，没有一丝灰尘。但那个清洁工还是没有停下来，仍然跪在地上用布擦着每一个可能有灰尘的角落。

“地板已经够干净了，您歇歇吧。”记者上前对清洁工说，清洁工面色严肃地摇了摇头，对记者说：“在台下看表演的人不会注意地板，在舞台表演的人不一样，他们的舞鞋很轻很薄，一点儿凹凸就能影响到他们的跳跃，如果地上有杂物，哪怕是一根小小的火柴都可能对演员的脚造成伤害。”说完，他继续低下头仔细擦地，直到演出即将开场，才放心地离开舞台。

这台演出很成功，在记者的报道上，不但有演员们美丽的照片，还用很大篇幅描写了那个认真的清洁工，在记者看来，这位清洁工对工作的热忱不逊于舞台上热情的演员。

有些人轻视小事，认为小事无关紧要，只有大事才值得自己耗费精力、动用头脑。但其实，人的能力是一点一滴培养起来的。就像店长首先要由理货员做起，了解关于销售的每一个步骤，才能建立自己关于一家店的构想。更直接地说，一屋不扫，何以扫天下？连小事都做不好的人，还能做什么大事？

一个有慎独思想的人从不轻视小事。当一个清洁工认为自己在创造一个舞台，当一个瓦匠认为自己在建造一栋家园，当一个农民认为自己在种植千家万户的粮食……手中简单的工作就变成一件极其重要、需要慎重对待的任务。世界上的大事都是由小事组成的，不要孤立地看待任何一件小事，你奏出的只是一个音符，但你参与的却是一场伟大的演出，少了你的参与，演出就会不完美。

轻视小事，就一定会被小事绊住手脚而吃大亏。不能小看每一件小事，因为小事是大事的基础，建筑设计师绝对不会在草图上留下空地，让建筑工人自由发挥，只有把每个边角都计算得分毫不差，才能保证房子不会出现结构错误。同样，也不能小看每一个行动，如果工人不能严格按照建筑师的要求选料、打地基，而是偷工减料、仓促应付，那么这房子就是人们常说的“豆腐渣工程”，终会害人害己。

我们的人生也是这样一所房子，不同的是，我们本人既是设计师，也是施工者，我们每一个举动都与人生这座“房子”的未来息息相关。所以，不论是成就大事还是完成小事，我们都要有一丝不苟的态度。

|004| 生活无小事，关注细节才能获得成功

唐胜是一个普通的出租车司机，说他普通却又不普通，因为他靠开出租车赚出了自己的事业。那么，唐胜究竟有什么秘诀呢？

认识唐胜的人都知道，他是一个有礼貌又有风度的人，从不会和乘客发生口角，也不会故意绕远多赚钱。他还有一个特点让人印象深刻：其他出租车司机总在客人上车的那一刻马上打开计价器，唐胜却要等客人说清楚要去的地点后才打开。遇到下雨天，唐胜从来不像其他司机一样着急赶路，如果路旁有人，他会降低车速，保证泥水不会溅到行人身上。

作为出租车司机，唐胜素质高，客人也就多，有些人成了唐胜的常客。这些人从事各行各业，一来二去，唐胜便做起了生意。在生意场上，唐胜依然保持正直、仔细的作风，生意自然越做越大。

古人说，“大行不顾细谨”，事实上，“大行”常常因一点儿“细谨”而满盘皆输。就像一个跳水运动员上了跳台，他要留意的不仅是自己的动作是否完美、入水时是否流畅或者溅起的水花是否太大，在那之前，他更需要注意自己的脚下是否太

滑等小细节，这些同样影响着最后的成败。成功就是由一个个完美的细节堆积而成的。

慎独者常在细节上做文章，看似琐碎，实则有大学问。凡事都有其过程：积累是一个过程，无数看似微小的部分让事情成型，少了任何一部分，它就是另外一个模样；做成大事也需要一个过程，每一步前进看似微小，但就是通过这一个个微小的进步达到的。谁还能说细节是小事呢？

《红楼梦》中有一个有趣的细节，林黛玉第一次进贾府时，担心自己给他人留下不好的印象连累父母，作者说她“步步小心、时时在意”，而作者曹雪芹写这个情节时何尝不是“步步小心”？他所描绘的每一个情节都在烘托林黛玉的个性，少了这一情节，就会导致人物形象缺失。读者在阅读的过程中同样在“时时在意”，错过一个情节，既妨碍他们对情节的理解，也影响他们对人物的解读。事事皆如此，一步细，步步都细，结果皆大欢喜；一步疏忽，步步纰漏，结果总有遗憾。

古代一位国王即将出征。马夫在检查国王的战马时出现疏忽，导致马的一只脚掌少了一根铁钉。

上了战场后，军队气势如虹，很快就要取得胜利，这时国王的战马经过长时间的奔跑，前脚掌的马蹄铁掉了下来，紧接着一个踉跄，国王从马背上栽下来，伤重而亡。

主帅一死，军队军心涣散，胜势不再，很快被对方打败，最后国土沦丧，国家灭亡。

这个故事告诫人们不要小看每一件小事，任何一份不起眼的工作都有可能关系到最后的成败。在日常生活中，人们也经常用它告诫自己凡事都要认真，要有防微杜渐的意识和一丝不苟的态度，保证自己所做的小事不影响到大事。只有个体正常发挥，才能保持整体的效率。

慎独者重细节，一个人不论是个人修养还是工作态度，不论是学习方法还是交友原则，如果能够严格要求每一个细节，即使他什么也不说，也会有让人信赖的力量，并被人寄予厚望，得到更多机会。这种“厚望”来自于他平日建立的良好口碑，人们相信一个事事认真的人，即使做不到最好，也不会太差，他们必会将认真做事的习惯代入团队中，进而使整个队伍出色完成任务。

|005| 把每一件小事做到最好，为自己加码

达·芬奇小时候跟一位著名画家学画画，老师让他练习画鸡蛋，日复一日，年幼的达·芬奇不知画了多少个鸡蛋，有一天他问老师：“老师，我画了这么久的鸡蛋，可以开始画别的东西吗？”

“不行，你的基本功还不过关，要继续画鸡蛋。”老师说。

“可是画鸡蛋有什么用？难道我要当一个只会画鸡蛋的画家吗？”

“不对，每个鸡蛋都不同，你要观察它们最细微的差别，把每一个鸡蛋画到完美，你就能练就出最好的眼力，也就奠定了最坚实的底子，到时候，你想画什么都可以，所以，今天你的任务仍然是画鸡蛋！”

达·芬奇听从了老师的吩咐，每天依然刻苦地画着鸡蛋。三年后，他的画技果然突飞猛进。

每一个著名的画家都曾有过刻苦而枯燥的练基本功的时期，达·芬奇画鸡蛋正是他们练习过程的写照。在日复一日的重复中，僵硬的线条渐渐变得柔和，画家渐渐有了自己的特点。人们经常惊讶地发现，同样的线条，为什么有实力的画家画起来特别有生命力？其实答案就在于他们的练习，他们画中的每一笔都包含了几年、十几年的大量练习，包含了他们追求完美的心血。

人们常常谈到“超越”这个词，超越不是跨越他人，而是比过去的自己站得更高。想要站得高，就必须有坚实的地基垫脚。基础越扎实、积累得越多，脚下的资本就越多，站在上面才越安稳。只要你一直靠实力加高自己，就不必担心摔下来。任何小事都是积累的一部分，只有把它们做好，基础才是坚实可靠的。

海底捞是著名的餐饮连锁店，那里的服务生在任何时候都会对顾客保持笑脸，以超一流的服务赢得顾客的好感。小张曾在那里打工，对那里的经营理念有着切身的体会。

那时小张是一名大二的学生，他和几个年纪相仿的大学生利用业余时间到海底捞兼职，管理他们的是一位40岁左右的女士，他们都叫她王姐。有一次王姐对小张等人说："你们问我怎样才能用最恰当的态度对待每一位顾客，这个问题并不难，你们应该在顾客身上看到利益所在，比如，当一位推着婴儿车的女士走进我们店里，你们一定要知道，你们面对的不是一个客人，而是两个甚至更多，因为口碑的力量是最大的，每一个顾客身后都有几个、几十个潜在客户，懂得了这一点，你们就不会对任何一位顾客生出怠慢之心。"

一位顾客不仅代表了他自己，还代表了一个团体、一个年龄层、一种文化。一件小事的背后也往往蕴含着更深远的意义。谨慎地对待生活和工作中的每一件事，它们有的服务于梦想，有的服务于感情，有的服务于事业……每一次服务都在为更好的自己加码，把每一件事尽可能做到最好是我们应有的态度。当然，"最好"并不是求全责备，十全十美，而是在能力允许的范围内取得让自己满意的成绩，逼迫自己将只有30分的东西卖100分的价格，有违生命的本意。

为了把事情做好，我们的目光也要不拘于眼前。以播种庄稼为例，撒下种子、收获作物，这是单线思考模式；还有人考虑得更多，比如这块土壤是否适合这种作物？这种作物是否有市场？换一种作物会不会有更大的收益？多数人种庄稼只考虑粮食，目光长远的人却能从一粒种子想到面包店新鲜出炉的小麦面包，这就是二者的区别。目光长远者思虑周全，只要足够努力，总能比别人走得更远。

|006| 通过平凡小事，培养伟大品格

一个小女孩很佩服自己的妈妈，因为妈妈不但长得美丽，而且走到哪里都有人夸奖她人好心善，非常受人欢迎。小女孩问妈妈："妈妈，我怎样才能成为和你一样的人，像你一样被身边的人喜欢？"

妈妈告诉她："如果你想成为一个美丽的人，就要经常想着别人，比如你想让自己的脸变得美丽，就要经常对人微笑；如果你想让别人赞美自己的举止，就要学会谦让；如果你想有一双美丽的手，就要经常伸出它们帮助那些有困难的人。一个美丽的人会真诚地对待他人，他们不会作假，他们的一切行为都让人感觉到温暖和舒服。"

为他人着想、懂得谦让、帮助他人、真诚……这些都是平凡的品质，却可以产生巨大的魔力。慎独者为什么提倡从小

事修身？因为世界上的任何事都可以以小见大。诗人说：一花一世界。一个极小的行为却能够表现出丰富的心理内涵，折射出一个人的灵魂。

什么是伟大？伟大并不单单指做出丰功伟绩，有时候平凡的事物更能显现出伟大的品格，退一步讲，世界上又有多少真正的大事，更多的是日常生活中的点滴小事，在你看来不过是举手之劳，在他人眼里就是雪中送炭，所以不要看轻任何一件小事、任意一个小举动。

一名普通士兵奉命给主帅送一封信，为了尽快完成任务，他三天三夜没有休息，快马加鞭地赶到营地。因为过度疲劳，他的马累死在营地前。

主帅很快写完回信，并将自己的马送给了那名士兵。士兵看着主帅健壮华丽的马，连连摆手说："我不过是一个普通的士兵，完成了一个普通的任务，不配得到这样丰厚的奖励。"

主帅却说："你以最大的忠诚完成了任务，真是了不起，所以你有资格骑这匹马！"在众人羡慕的目光中，士兵骑上了主帅的战马。

这名士兵对事业的热忱、对军队的忠诚足以使他得到奖励，忠诚不只体现在战场上的杀敌报国，还包括认真地执行每一个命令、做好每一件小事。

生活中，我们对自己的工作却未必能有这名士兵一样的责任感。扪心自问，我们究竟有没有为了自己的工作竭尽全力，还仅仅是得过且过？其实你是偷懒还是认真，每一个细微动作都会被别人看在眼里，他们通过这些细节判断你究竟是一个什么样的人、值不值得信赖和尊重，而你所能获得的成绩也无不是件件职场小事的积累。在细节上做到尽责无疑是成功的保证，每一个平凡的行动都会因为审慎而增加重量，因为责任而变得深远。

平凡的小事最能磨炼伟大的灵魂。在枯燥中，耐性产生了；在重复中，熟练产生了；在矛盾中，思想产生了；在前进中，超越产生了……多少伟大都要归功于最初平凡的一步，不要小看任何一个行动，只要是认真的、高尚的，都能提升你的人格，都值得褒奖与鼓励。

|007| 成功者的谨慎在于比别人多做多思

一座小村子里的两个农民，每天都要挑着菜去远离村子的集市贩卖。途中有一座必经的独木桥，每一天，甲农民挑着菜走到桥边，都会发现乙农民正在他前面过桥，过了这座桥，前方就是集市。乙农民过桥后，很多人一拥而上，把菜买走，等到甲农民过了桥，买菜的人已经走了一大半，因此他的菜总是卖不完。

甲农民对乙农民抱怨道:“大家的生活都不容易，你怎么能每天都走到我前面，把生意抢走？你这个人太不厚道了。”乙农民无奈地说:“不是我不厚道要抢你的生意，我每天都是那个时间出门，你只要早五分钟出门就可以走到我前面，你为什么不早一点儿呢？”

在竞争的前提下，每个人都在拼搏，一些人之所以不能成功，不是因为别人抢了他们的路，而是因为他们来得太迟。机会有限，来得迟的人只能看到它被别人抢走，想要抱怨，只能怨自己，怪不得他人。

很多时候我们思考自己与别人的差距，不明白为什么各方面条件都差不多的人同样做一件事，有些人可以成功，自己却面临失败。难道是运气在作怪？所谓的运气不过是一个比中大奖概率更小的东西，别人能够成功，是因为他们做得更多，他们做的事也许在你看来只是微不足道的小事，但就是这些小事增加了他们获胜的砝码。

在成功面前，谨慎就是要比竞争者做得更多，哪怕只能多做一点点，也要抓紧这一点点胜利的机会。人生就像一场赛跑，胜负一定程度上取决于最后那一秒的时间，抓住了，就成功了。

张瑜开了一家电子产品制造工厂，生意不好不坏，虽然没有赔本，可也没赚过大钱。经过五年的经营，厂子没倒闭，却也没有变大，现在的电子市场如此发达，为什么自己就是赚不到钱？想不明白的张瑜便去找专家询问。

专家经过实地考察，很快明白了其中的原因。他对张瑜说："做生意就像挤独木桥，不能掉以轻心，时刻要注意创新，你的工厂每一年推出的新产品都是其他厂家生产过的东西甚至是已经淘汰的东西，当然销路不好。如果你不能时时留意市场的动向，研制出引领市场的产品，只能维持这个不冷不热的局面。既然前面的路已经被人挡住，你就要换一条走，另辟蹊径，这才是提高竞争力的办法。"

在竞争中，谨慎是当你发现自己慢于他人时，要么快马加鞭地追上去，要么立刻换一条与他人完全不同的路，成为新路上的领头羊。多数时候，成功靠的不是复制，经验也不能完全照搬，路要自己寻、自己走，凡事都要反复权衡利弊，才能知道下一步究竟该向何方前行。多一点思考，才能多一分领先。

也许你觉得自己选择的方向上太多的同行者，而道路又太过狭窄，难以行进。这个时候你要沉住气，时间会将意志不坚定的人慢慢筛除，当你接近胜利时，就会发现自己的对手其实不多。世界上的人都渴望成功，但选对了道路却无法坚持，或是坚持却在开始就选错了道路的人，都无法成功。成功没有太多的秘诀，不过是做得更多、想得更多、坚持得更久，这也是成功者独有的谨慎。

|008| 谨慎是优势，过度谨慎是束缚

唐代郭子仪是安史之乱中的盖世功臣，他力挽狂澜，使唐朝恢复了和平，当时的皇帝感激他的功劳，给了他很多恩宠，可谓煊赫一时。

郭子仪位高权重，但为人却十分谨慎。有一次，一个叫卢杞的官员来看望郭子仪，当时郭子仪年纪大了，早已退休，每天在家里教侍女们唱歌玩乐，听说卢杞来了，连忙命所有侍女退下，客客气气地接待了卢杞。等到卢杞走后，儿子们问郭子仪为什么要这样做，郭子仪说："卢杞这个人长得丑，心眼又小，那些侍女和我玩闹惯了，见到卢杞一定会忍不住笑话他，卢杞表面不说，心里定会不悦。"

后来，卢杞做了宰相，他心胸狭窄，对曾经轻视自己的人一向不假辞色，唯独对郭家人尊重有加，并常常以郭子仪对自己的尊重而沾沾自喜。

做事谨慎，可以减少我们生活中的麻烦，预防不必要的灾难。《水浒传》中的鲁智深被评价为"粗中有细"，是指在他粗犷的外表和鲁莽的行为下有着细致的思维。由此可见，即使是一个开朗外向的人，也应有谨慎的态度，谨慎与个性无关。

思维谨慎也有助于我们对细节的推敲、对疏漏的考量，成功就在周全的思虑中一点点建立。人们常常羡慕那些成竹在胸的人，认为他们神机妙算。其实，天下哪有那么多的神机，不过是谨慎、再谨慎，把能够考虑的问题全都考虑进去，一一想好应对的策略，这就是神机妙算的真相。我们经常看到有人能够出其不意地击败对手，这也得益于其谨慎的观察力，只有全面观察了解对手，才能找准要害，一击即中。

一个富人花高价买到一块宝玉，据说这块宝玉是从前朝皇宫里流出，由一流玉匠雕琢的。富人对宝玉爱若自己的性命，从不肯轻易示人，一想到它就无比满足。

这一天，富人的朋友、一位道人前来探望，他对富人说："我特意来告诉你一件事，我算了一卦，你的宝玉明天会碎掉，一定要小心。"

道人走后，富人大为慌张，他想来想去觉得放哪儿都不放心。第二天一大早，他就把宝玉攥在手心里，一刻也不肯放开，他想，只要自己不松手，宝玉就是安全的。就这样平安过了一天，富人刚刚松口气，他最宠爱的小妾突然冲过来掰开他的手，将那块玉砸个粉碎。原来小妾不满意富人一整天都攥着玉而冷落了自己，这才有了美人摔玉的戏码。

富人目瞪口呆，他突然觉得如果没有道人那句话，宝玉依然安全地锁在匣子中，就是因为自己太过谨慎，反而失去了心爱的宝物。

爱护孩子是父母的本能，当孩子学走路的时候，他们害怕孩子摔倒，一直在旁边扶着，这似乎是一种谨慎，实际上却是导致孩子无法独立行走的元凶，是对孩子最大的伤害。当我们想让自己更谨慎的时候，一定要加入理性的思考，不要把谨慎变成束缚自己的牢笼。谨慎不是僵化的信条，它应该是一种健康的思维方式、一种惯常的处世态度。

凡事不能过度，谨慎也是如此，做事一旦过度谨慎，就会缚手缚脚；思维一旦过度谨慎，就会保守而难以创新；与人相处一旦过度谨慎，就会处处小心回避，很难交下真正的朋友。唯有理性行事，谨慎而不过度，才能防止物极必反。有时候，谨慎是一种深思熟虑后的步步为营；有时候，谨慎是一种深思熟虑后的顺其自然。其中的智慧，我们只有在实践中才能慢慢体会。

第九章 心智

清醒
坦荡，
宽容
明智

如果你能保持一份清醒与坦荡，那么任世事沉浮，你始终能安然平和。坦荡在于对自我的认识和坚持，对喧嚣世事的宽容与明智。心智成熟是慎独者自我提升的目标之一，它要求我们以更多面的视角看待生活，以更豁达的胸襟面对繁杂人生。

|001| 真正的成功者不屑于吹嘘炫耀

一个小伙子去一家酒店应聘，为了给面试官留下好印象，回答提问的时候，他一直试图展示自己的优点。

面试官问他："我们酒店经常有外宾，你的英语怎么样？"

小伙子立刻说："我的英语非常好，特别是口语，上课的时候，连老师说得都没我好。"

面试官听了立刻说："好，那么接下来我们全部用英语对话吧。"然后就开始用英语提问，小伙子目瞪口呆，勉勉强强地答了几个问题，最后面试官用中文说："请你回家等通知吧。"小伙子一边垂头丧气地走出公司，一边后悔自己不该胡乱吹嘘。

人们为什么会吹嘘炫耀？一半是虚荣心作祟，想要别人知道自己的长处，可虚荣心一旦膨胀就难以遏制，炫耀就会变成习惯；还有一半是不自知，即不知天高地厚，不明白人外有人、天外有天，这样做会让真正的行家笑话。

后者有坐井观天之嫌，前者却略显可悲。因为没有真才实学的人，才需要用炫耀的语言来装点，就像真正名贵的衣物自有它的价值，不需要缀满宝石。当真正"富有"的人碰到喜欢炫耀的人，他们很少戳穿，最多一笑而过，这种笑包含了无奈和谅解，是一种涵养，却能够让炫耀的人脸上无光。胡乱吹嘘炫耀，只能让他人看到自身的浅薄，而非他人的羡慕。

一位著名画家在一个欧洲小镇度假，看到怡人的湖光山色，画家心情大好，便拿起画笔开始在画板上作画，这时一位记者模样的人向他走来，看着他画画，还给他指出了几个缺点，画家非常真诚地道了谢。

没过几天，画家来到另一个小镇，刚巧又碰上那位记者，记者微笑着和他打招呼，说自己要来给这里的一位画家做专访，画家听后微笑着说："我就是你说的人，我们已经见过面了。"记者大吃一惊，他没有想到一位有名的画家竟然能如此平易近人。

越是伟大的人物越是谦虚，他们的实际才能与他们的张扬成反比。他们不是不为自己骄傲，只是觉得这份骄傲和别人无关，它是对自我的肯定和嘉奖。

真正的成功者不屑于吹嘘炫耀，他们只需放出自己的光芒，就会被人看到、被人欣赏。更多时候，真正的成功者希望保持内心的宁静，他们会与外界刻意地保持距离，回避不切实际的夸张赞美，这是谦虚的体现，也是对才华的保护，他们时时保证心灵不被浮躁占据，始终一心一意地对待自己的事业。事实上，与谦虚结合的骄傲才能让人获得极大的成就。

慎独者会戒除浮夸，他们不会因一点小成绩就洋洋自得。

浮夸者容易不思进取，慎独者却拥有强大的自尊心，他们永不满足，也不会停止前进的脚步，他们把所有的心思用来构筑自己的事业。在人群中，他们是谦逊的却也是耀眼的。这时候，周围的人也会看着他们笑，但这种笑是赞美的笑、期待的笑，是对一个执着心性的认可，是对有潜力获得成功的人抱有的最大欣赏。

|002| 尽人事，听天命，真正做到顺其自然

天使问神灵："世界上的人大都活在抱怨、仇恨、苦闷之中，您却能做到心平气和，这是什么原因？"神灵说："这很简单，你去找三滴水，把它们分别滴在沙漠、死水和大海中，看看会发生什么事。"

天使按照神灵的话在三处环境中各滴下一滴水：当把这滴水滴在沙漠里，它瞬间蒸发、无影无踪；滴入死水中，本来透明的水滴变得混浊发臭；滴入大海里，水滴依然是水滴，看上去更有活力。

神灵说："灵魂就是水，你愿意把它放在什么地方，它就会变成什么样子，一切都取决于你的决定。"

很多时候，我们不能要求外界环境如何，却可以选择用

什么样的眼光来看待世界，用什么样的方式活出自己，这直接决定了你灵魂的高度。所以，贫困的人可以很快乐，富裕的人同样会忧郁，幸福来自我们自身的定义。

人生的追求本就简单：生命本身高于一切，其他都是附属品。很多时候，我们被世俗的标准左右，以为物质生活的满足能够带来精神的愉悦，以为付出努力得到的东西一定是我们喜欢的……其实，生存与快乐才是生命的核心。人生的快乐不在于我们得到多少，生活的不幸也不在于我们失去了什么，只要我们能够看开，不强求于所得，不执拗于所失，自然心灵安宁。

人生一世，活在幸福中还是活在痛苦里，是一道非常简单的选择题，有人却偏偏喜欢选错。他们不明白知足的乐趣，也不想弄懂人生的真谛。

常言道，五十而知天命，孙教授刚刚到了知天命的年纪，他对事物的看法和以前有了很大不同。从前，他一直忙着搞科研、评职称，唯恐落在别人后边，现在他突然有了“归隐田园”的想法，再也不跟风去做那些热门实验，只做自己感兴趣的课题。

对待学生，孙教授也有很大变化。以前孙教授只在课堂和实验室与学生接触，现在他更愿意抽出时间和他们聊聊天，了解一下年轻人的想法，为他们解答一些人生问题。学生们都觉得孙教授由一个古板严肃的师长变成了平易近人的朋友。

对待家人，孙教授也改变了往日的态度。从前他总是抱怨妻子不够能干，抱怨儿子不够优秀，现在他挪出更多的时间帮妻子干家务，也经常称赞儿子，家庭气氛其乐融融。孙教授说:“我到了知天命的年纪才明白万事不能强求，顺其自然才是生命最大的乐趣。”

越是成长，我们越是发现自己的能力有限，能够把握的事物更是有限，我们能做的仅仅是完成好自己的那一份，能够把握的也仅仅是属于自己的那一条人生航线。人生不要有太多的强求，不属于自己的东西，求到手里也只是负担。尽人事、听天命，珍惜手中已有的东西，就是顺其自然。

懂得顺其自然的人有广阔的心胸和洒脱的姿态，他们并不是没有悲伤欢喜，但这些情绪不会被无谓的事物浪费。顺其自然者不困囿于眼前得失，追求生命更高的意义，他们执着走到更高的地方，得到更多的体验，并用这些体验增加自身的分量，让自己更达观，让心灵更充实。

|003| 才能被懒惰牵制，就会一事无成

一位钢琴大师想收几个弟子，经过找寻，他终于遇到两个天资卓越的孩子，并决心将他们两个培养成艺术家，两个孩子的父母也很支持这件事。从此，两个孩子每天都要去大师家里学习，日子一久，大师发现这两个孩子很不一样：一个很听

话，也很勤奋，老师让练习十遍的曲子，他会增加一倍的练习量；另一个孩子却喜欢耍小聪明，老师让练十遍，他常常弹几遍就糊弄过关，大师和孩子的父母都拿他没办法。

几年后，两个孩子的差距渐渐拉开，那个认真的孩子渐渐有了自己的演奏风格，而喜欢耍小聪明的却渐渐连同龄孩子的水平都比不上，最后，这位本来很有资质的孩子放弃了钢琴。

每当人们看到一个天资聪慧的孩子不肯用功，辜负了自己的天赋，就会觉得惋惜：这个孩子真是挥霍了一段黄金般的光阴。也许我们都曾是故事里的孩子，我们都曾有自己特有的才能，却因为小聪明、懒惰、长辈疏于教导等原因，没有在一开始的时候就抓牢它、发挥它，直到有一天才华被荒废才后悔莫及。

才能是一个令人羡慕的字眼，有些人似乎天生具备一些过人的素质，比如对音乐天生的敏感、对色彩独到的搭配、对文学词藻的领悟，抑或区别于同龄的理性思维、脑子里新鲜别致的想法……仔细想想，每个人都或多或少具备一些才能，包括跑得比人快、手比人巧等，这些才能曾经是我们生命的亮色，让我们受到他人的夸奖和羡慕。

但是，有多少人能真的依靠自己的才能做出一番事业？更多的时候，这些与生俱来的天赋随着时间的流逝渐渐浅淡，因为多数人并不了解自己的才能，或者他们认为把才能发展为技能是比“上学读书、毕业找工作”辛苦很多倍的事，当别的孩子放学后就可以玩耍，想要发展才能的孩子却要继续学习、练习，正是因为这种辛苦，很多人望而却步，他们宁愿选择相对轻松的生活，这也是多数人常有的惰性。

赵明的父亲赵大爷今年63岁，他刚刚从一个大学拿到文凭。赵大爷年轻时因家境不好而辍学，打工供三个弟弟妹妹读书，弟弟妹妹成人后，他又要抚养孩子，直到50来岁才闲下来。赵大爷心里一直有个读书梦，希望能考进大学，从50岁开始，他就白天工作，晚上读夜校，小辈们都不太能理解赵大爷：一个老人为什么还要读书?

赵大爷有自己的看法，他认为抱负与岁数无关，勤能补拙，一个人只要勤奋，依然可以得到他想要的知识。后来，赵大爷进了一所大学，他以实际行动证明了一句话：无论何时开始学习都不晚。

每个人都有自己的梦想，有些人的梦想能够完成，有些人的梦想来不及实现，有些人则还在为实现梦想等待时机，但有一点是共通的：梦想不属于不劳而获的人，它只属于勤奋者。任何事一旦与勤奋配合，就像插上一双翅膀，能够飞跃很多难关。而那些妄图用偷懒和耍滑的方式得到成功的人，总会在现实面前摔跤跌倒。

在实现梦想的道路上，你可以悲伤、叹气，也可以抱怨、哭泣，唯独不能得过且过或懒惰懈怠。实现梦想不是一件轻而易举的事，艰辛是必然要走的历程，唯有克服懒惰的习惯，以勤奋加持行动，才能快速抵达目的地。人生没有多少岁月任人蹉跎，不要等到年老的时候再为曾经的懒惰而后悔。

|004| 越是困境时刻，越要保持冷静

一个国家突发战争，战火所到之处，所有人都以最快的速度收拾行李，带着一家老小逃难。一位富商看到家里的财富不能全带走，只好把最值钱的宝石藏在一把特制的雨伞里。

把宝石藏好后，一家人带上伞逃去了另一座城市，糟糕的是，粗心的儿子把那把藏了宝石的伞弄丢了。儿子急得大哭，富商说:"别着急，浮躁的人做不好事，你按我的吩咐去做，一定找得到。"

儿子在父亲的吩咐下在当地开了一个修伞的铺子，专门给人修理雨伞。到了第二年夏天，时有暴雨，修伞的人每天都在增多，终于有一天，儿子看到了自己丢失的那把雨伞。这一次，他没有着急。第二天，在见到伞主人时，他诚恳地请求他将伞卖给自己。

客人欣然同意，高高兴兴地拿着新雨伞走了，富商也找回了失去的宝石。

危机出现时，普通人表现出的是慌乱，而慎独者选择冷

静。我们都有在岸边走路的经验，不管水流如何湍急，都不会影响站在岸上的人，因为脚下的土地是固定的，即使受到水流的冲击，土地仍岿然不动。现实生活时有意外，就像惊涛骇浪一样席卷而来，这个时候，理智就像坚固的堤岸，让我们能在危机中站得住脚，不让事情变得更糟。

慎独者是高超的情绪控制者，当意外来临时，他们知道越是慌张越无法有效分析问题，抓不住重点的处理方式只会乱上添乱。这个时候，最明智的做法是稳住自己，静观其变，越是在危急时刻，越要以大局为重，抓住最重要的东西。冷静的人在困难的时刻能静下心来逆风翻盘，浮躁的人即使条件优越也容易失去机会，所以人们才说想要成功，就不能浮躁，要每时每刻保持稳定的状态，以应对可能到来的风浪。

在一艘货船上，几个客人正在吃喝谈天，也许是酒喝得太多，一位客人在甲板边唱歌时一不小心掉进了海里，其他几个客人都不会游泳，急得大声呼救。一个水手听到呼救声后立即赶了过来，只见掉进海里的客人正在一边挣扎，一边大叫。

“快下去救他！他不会游泳！”客人们大声对水手说，然而，水手只是观察着海里的客人没有回应，即使船上的人不停地催促他，他依然不言不语。

有些人愤怒了，这时却见他“噌”地一声跳进海里，将落水者救了上来，事后有人好奇地问：“开始的时候你为什么不跳下去，让我们好一阵担心！”水手说：“那时候落水的人还在挣扎，如果我跳下去，他就会紧紧抓住我，把我也拖进水里，所以我等到他筋疲力尽、快要往下沉的时候下去救他，这样才能一举成功。”

慎独要求人们能够审慎地处理周围事物，并不以他人意志而轻易改变自身原则，这就培养了人们的多种品格，比如韧性、冷静。在我们的生活中，韧性与冷静都是成功的要素：不到最后一刻不放弃，靠的是韧性；而在最困难的时候不放弃，靠的则是冷静。

我们都有看球赛的经历，不难发现多数时候即使比分差距很大的比赛，在终场哨吹响之前都不能判断结果，特别是在下半场最后 10 分钟，经常上演后来居上的反转戏码。按照我们的想法，在最后 10 分钟内，球员们体力不够，脑力迟钝，怎么还能追得上？但就是这样的困境激发了球员们的好胜心，甚至是背水一战的决心，从而让他们冷静下来，在对方懈怠之时寻找到胜利的机会。

越是冲动，越要提醒自己保持理智；越是危机时刻，越要提醒自己冷静。当人们的情绪变为一种不可控制的浮躁，开始漫无目的地发泄，那么他从前的所有努力都会前功尽弃。人生有时候就像战场，我们要稳住自己的阵脚，在紧急情况和突发情况面前静下心来，如果你能拥有这样的智慧，便总能比别人更快一步找到解决问题的最佳方法，因为多数人都会在意外面前乱了阵脚，只有你坦然前行。

|005| 转换视角，培养乐观心态

一个飞行员在空中表演时操作失误，直升机发出危险信号，他只好跳伞逃生。最后飞行员落到一棵树上，还摔断了一条腿，他只能在树上呼救。

路过的农夫将他救了下来，又帮他叫了医生，飞行员道谢后，悲伤地自言自语:“真可惜，我本来想打破飞行纪录，现在好啦，不仅纪录没打破，还使飞机被撞毁，自己也断了一条腿。”

农夫听到后拍着他的肩膀说:“不要灰心，你已经创造了一项了不起的纪录！我在这个地方活了 50 多年，你是第一个不用爬树就能从树上下来的人！”

飞行员听后哈哈大笑，突然觉得飞行失败不是什么大不了的事，至少他的确打破了一项“纪录”。

桌子上放了一个小苹果，乐观的人会想:“这个苹果这么小，糖分聚集在一起，一定比别的苹果更甜”；而悲观的人却会想:“竟然只有一个这么小的苹果，我真不幸”。同样一个苹果，乐观的人能从中得到快乐，悲观的人却只能看到不幸，这就是二者的区别。乐观和悲观都是长久以来养成的思维习惯，前者的幸福感显然要比后者多得多。

世上所有事物都有多面性，换一个角度就会看到不一样的世界。旁人看来是一种失败，我们却可以解释为一种成功，一件事解读的角度不同，得到的结论就不同，主动权就在你的手中，能够从消极事物中看到积极元素的人，才能在任何境况中都保持乐观。

一位哲学家经过反复比较，终于在市郊租了一间便宜的房子。

有一天，他的朋友来看望他，发现这间房子非常狭小，朋友同情地说:“这么小的房子，你住着一定不舒服。”

哲学家说:“我觉得舒服极了，你为什么会觉得我不舒服?”

“你不觉得这里太小了，连转身的地方都没有?”

“是啊，所以冬天的时候它聚着热气，很暖和。”

“你看你的书架这么低矮，装不了几本书。”

“书可以放在床上，我还可以自制书架，没有高大的书架，我想拿什么都更方便。”

“可是，这里看上去太简陋了！只有一把椅子，我们只能坐在床上谈话！”

“这不是很好吗？我和你可以面对面坐下来说话，何况它的租金如此便宜，我觉得能租到这样的房子真幸运！”

朋友不再发问，他看着这个乐天派的哲学家，忍不住羡慕起来。

将心灵打开，释放其中的正面因子，也是慎独的一种方式。乐观的人看待问题时，他们永远选择最积极的切入点，即使有困难，他们首先想到的是“这件事肯定有解决的方法”，而不是“真糟糕，我怎么这么倒霉”。抱怨和推诿不能解决问题，只有接受现状、相信未来，才能握紧突破困境的钥匙，乐观的人选择让心灵始终于一种期待的状态中。

生活和工作中，我们难免会产生一些负面情绪，比如焦虑、紧张、恐惧等。越是紧张，越是重视，就越不容易成功，就像琴弦已经绷到最紧，下一秒出现的必然是断裂，而不是美妙的高音。因为过分紧张会干扰思维的活跃，降低执行的效率。乐观往往会平复紧张的心绪，调动僵化的思维。保持闲适和开阔，做一根平和的琴弦，才能演奏出万千音符。

生活中难免有不愉快，如果始终把那些争吵、怨恨、不如意攥在拳头里，就无法去拿更多的东西，不如学会“打开”，让不愉快成为过去，生活其实并不想为难你，你要学着与它和解。

|006| 理性认识失败，才能跨越失败

一只羚羊在赛跑中落败，从此它把银牌挂在脖子上，再也没摘下来过，得到第三名的兔子问它：“你为什么整天挂着那块奖牌？”

“这块奖牌代表了我的失败，我要挂着它，时刻鞭策自己。”羚羊回答。

兔子好奇地拿起那块奖牌，它发现羚羊在奖牌后边详细记下了自己失败的原因，还有很多训练时应该注意的事项。兔子说：“我相信，到了明年，这块银牌就会变成金牌！”羚羊每天都按照奖牌上的提示努力练习，一年之后，果然如兔子所说，羚羊夺得赛跑的冠军。

人生的道路上没有常胜将军，每个人都会遭遇失败。尽管人们不愿意承认失败，也不甘心接受失败，但失败就是比成功多得多，多数时候，一次成功还是由千百次失败累积起来的。我们不可能避免失败，对待失败必须有一个理智的态度，才能战胜失败、走向成功。

慎独者是人生道路上的探索者，他们会对失败寻根究底，他们认为失败有时是光荣的证据。爱迪生为了发明电灯泡，实验了几千种材质，他说每一次失败都证明他发现了一种不适合做灯芯的材质，每一次失败都说明他竭尽全力地证实着自己的构想，更加接近真理和成功。勇于面对失败的人具有强大的内心，他们不会因暂时的挫折而更改自己的主张，他们的意志像钢铁一样坚定。

即将毕业的周靓去一家大型酒店应聘，这家酒店正在招聘大堂副经理，凭着出色的容貌和成绩，周靓有信心应聘上这份工作。

来面试的人很多，人事经理在仔细考核每个人的能力后，当场录用了一个不太起眼的女孩，很多人百思不得其解。等到招聘结束后，周靓没有像其他人那样，直接去找下一份工作，而是站在公司门口等人事经理，人事经理出来后，她礼貌地说："您好，我是今天来应聘的周靓，我知道自己的能力没有达到贵公司的要求，想要冒昧地问您一句，我身上究竟有什么不足，让贵公司选择录取其他人？"

经理很欣赏周靓的勇气，对她说："录取的那个女孩，不论是外貌还是学历都不如你，但她是个爱笑的人，笑起来让人觉得踏实又舒服，这样的女孩会让人有宾至如归的感觉，对于服务行业来说，这非常重要。"周靓听后恍然大悟。

事实上，这不是周靓第一次询问失败的原因，每一次面试失败，她都会诚恳地问考官自己失败的原因，回到家里将其记录在本子上逐一总结、逐一改正。后来，屡次失败的周靓进入了一家跨国公司，旁人都认为周靓走了大运，只有周靓知道自己的成功是从失败那里得来的。

对于慎独者来说，失败并不可怕，只要将失败的原因弄清楚，就能想办法克服或规避。当面对失败的时候，你要在第一时间消除自己的抵制情绪，不要想"我竟然会失败"，而要立刻知道"我为什么会失败"。如果一直想着前者，就会看不到自己的缺点，转而挑剔他人、挑剔环境，但事实上，90%

以上失败的原因都出在自身。

探寻失败的原因，一来你能够更了解自己在能力上的缺陷，也更能了解相关领域的形势，从而及时调整自己的心态，补充技能；二来，探寻失败的原因是一种有勇气的行为，更是一种谦虚而端正的姿态，你的勇气一定会得到他人的欣赏，给人留下深刻的印象。

失败的原因可能有千万种，但成功的原因只有一个：失败的人汲取了教训、总结了经验，用更好的方法进行了再一次尝试。成功者不怕失败，他们会在失败中寻找自己的优势，直到有一天反败为胜。

|007| 积极地自我暗示，克服内心的恐惧

小眉明天就要参加高考了，这已经是她第三次参加高考，她是班上的优秀学生，但不知为什么，每次高考都发挥失常。每次进入考场的时候，她总是想着“考不好怎么办”，以至于平时轻易就能答出的题目也答得一团糟。

面对纷扰的生活，人们常常觉得不安，其根源在于内心深处的恐惧感。人们害怕一切未知的事，害怕遭遇挫折，害怕结果不尽如人意，这样的恐惧可以影响到很多事情，比如小眉

即将面临的高考，如果她不能赶快克服恐惧，等待她的将是又一次的落败。

当我们认为自己还没有做好万全的准备，就会觉得困难不可战胜，并由此产生恐慌心理。一旦恐慌情绪加剧，就会干扰我们的状态，让我们从心理到生理都陷入低谷，头脑无法像平日那么清醒，身体也会因为紧张而僵硬。在这样的情况下，失败倒成了一件正常事。

心病还需心药医，既然这种状况来源于内心的恐惧，我们就要克服恐惧的根源。首先，就要让自己变得自信，即便没做好准备，也要告诉自己“我已经做好了万全的准备”，“没有人比我更努力”，“胜利一定属于我”，这样的心理暗示有助于平复紧张情绪；其次，要看淡结果，就当是一次演习、一次锻炼，就算失败了又怎么样，下一次一定不会犯相同的错误，在这种轻松的状态下，我们才能超常发挥，取得意想不到的成绩。

一个病人即将迎来他人生中第一次手术，他很忐忑，到处向做过手术的朋友们询问，朋友们分析了他的病情，详细描述了手术的过程和醒来后的疼痛，这让他更加害怕，好像手术刀已经割在了自己身上。

为了缓解害怕的情绪，他又向医生和护士询问病情，每当医生和护士温和地安慰他，他就觉得自己的病一定很严重，这一定是个艰难的、成功率很低的手术，即使医生一再对他保证也没什么效果。

上手术台之前，他一个劲儿地哆嗦，甚至不敢看打麻药的针管。结果一觉醒来，手术做完了，伤口包扎得很好，也没有别人形容的那么疼，他说："手术也没什么可怕啊，怎么做之前我会那么害怕？"

很多时候，令我们恐惧的并不是事件本身，而是自己设置的心理藩篱，因此还没着手开始，就已经因为自我恐惧而不由自主地退缩。在这种情况下，我们无法取得最佳结果，"困难"也就变成了真的困难，短暂的恐惧会因失败而成了长久的障碍。

据说，在奥林匹克运动会上，很多世界冠军在决赛之前都会这样激励自己："我是最好的，没有人能超过我，我的对手只是我自己！"这样做并不是自欺欺人，而是以暗示的方式让自己获得更多勇气，以最快的速度进入最佳状态，迎接眼前的挑战。慎独者也会面对恐惧，但他们会及时进行自我激励。面对恐惧，我们要看看那些光明的例子、想想那些积极的事，并始终相信自己的能力。只有懂得克服恐惧的人，才敢于尝试、不断提升。

|008| 习惯独立思考，拒绝人云亦云

很明显的问题，却没有人提出疑问，更多的人想都不想就接受了这个观点，这就是人云亦云。人云亦云是一件危险的

事，如果他人说的是一句假话、错话，你不假思索就接受，并把这种观点传达给他人，就是参与了错误的传播，将人云亦云变成以讹传讹。在信息传播迅疾的网络时代，传播不实言论容易引发社会恐慌，而不实言论对他人造成的舆论压力甚至可能危及其生命，所以人云亦云，抑或以讹传讹，并非小事。

慎独者习惯独立思考，而非人云亦云。别人说什么就信什么是没有判断力的表现，将未加判断的信息随意传播是典型的不负责任。没有主见的人不值得信任，那些懂得怀疑的人反而更让人放心，因为他们更重视事实，在弄清事实之前不会胡乱传播，给自己和他人带来麻烦。

一位钢琴大师为学生们弹奏了一首曲子，学生们听后赞不绝口。这时，有个学生说："老师，您有一个音弹错了。"

钢琴大师大怒道："这是我在国际大赛里的获奖曲目，怎么会弹错！"其他学生也随即说道："别胡说！老师怎么会弹错？"

"不，您弹错了。"学生坚持。

大师骂那个学生："你才学了几天钢琴，连音都弹不准，就敢指摘老师的不是，太狂妄了！"学生很害怕，但他坚持说："我不敢指摘老师的技艺，但那个音，您的确弹错了。"

大师指着学生说："你不用学了！我没你这样的学生！你现在就走！"学生低着头说："既然老师这样说，我只好离开这里，但那个音，您真的弹错了。"

这时，钢琴大师哈哈大笑，拉那个学生坐在自己身边说：

“那个音是我故意弹错的，其他人只知道附和我，只有你细心听我演奏，指出我的错误，你是一个既有能力又对艺术负责的孩子。”

当人云亦云言论的来源是某个领域的权威人士，你会有勇气和智慧反驳吗？盲从于权威是很多人的错误习惯，因为经历、能力所限，我们很容易对权威者的话产生迷信。如同上述故事中的其他学生，他们中未必没有人听出那个错音，只不过他们过于迷信自己的老师，宁可相信自己错了也不认为老师会出错。权威面前，我们很容易变得胆怯与懒惰，失去质疑与判断的能力。

慎独者不会盲从于权威，不论对人还是对事，能够说出自己的看法、做出自己的判断，才是一个人心理成熟的标志，而一个人的主见不应该随着对象的不同而动摇，一个人的判断标准也不应该随着对象的不同而发生改变。言论在前，慎独者会先在心里打个问号，不轻信不代表多疑，而是对自己和他人的负责；不轻信的人更加务实，他们更注重通过亲身学习与验证获得的结果，因而更容易去伪存真，获得成功。

第十章 态度

慎终如始，全力以赴

成功者比失败者多的就是一份坚持和认真，他们相信路是由自己走出来的，你付出什么样的努力，就会得到什么样的回报。慎终如始是慎独修身的基本要求，它引导人们拒绝抱怨、拒绝盲从，只坚守自己心中的信念并全力以赴。

|001| 成功到来之前，你必须耐心地等待

有个女孩从小就喜欢足球，她的梦想是进入国家队，可是，女孩长得矮，力气也不大，在参加市里球队的考核时，各项成绩都不达标，根本没有机会进入球队。

女孩不想放弃自己的梦想，她每天跑去球场，在教练身边求教练给自己一个机会。教练起初不同意，后来看她太执着，只好让她做一个替补队员。

女孩任劳任怨，不但每天帮着打扫球场，还主动承担起球队其他琐碎的事务。球员们在场上练习，她就在场下一个人练球。等到球员们都去休息了，她还在球场上不停地练习，教练看着她小小的身影，对她的印象越来越深刻。

一次比赛中，主力球员受了伤，教练决定给女孩一个出场的机会。令所有人意外的是，女孩在比分落后的情况下踢进两个球，让球队反败为胜。她在几年中磨砺的实力终于得到人们的认可，也因此终于进入正选阵容。

人们都想知道成功的秘诀，而所有成功人士都会不约而同地说：“成功没有什么秘诀，不过是坚持再坚持、努力再努力。”获取成功没有捷径可走，选定了目标就要风雨兼程、全

力以赴，不论做什么事，勤奋努力都是必要的条件。天上不会掉馅饼，想要什么，就要自己争取，如果遇到困难就放弃，人永远不会有出头的一天。

很多人都有看日出的经历，想要看日出，必须在天黑的时候就出发，去海边或者山顶，在寒风中等待第一道光出现。守望成功的人也只有在黑暗中启程、在寒风中等待，历经苦难才能看到光明。想看日出就必须守到拂晓，没有付出就不会有收获，这是成功的定律。

山村里一位寡居的母亲带着两个儿子辛苦度日，所幸儿子们相继长大成人，也娶到了贤惠的妻子各自成家，但劳累一辈子的母亲却病倒了。

两个儿子深感痛苦，他们每天努力种田，把所有的钱都用来给母亲买药，可是母亲的病还是不见起色。两个儿子日夜祈祷，终于感动了山里的神仙，神仙偷偷告诉两个儿子一个救命的药方：只要收集东西南北四个村庄的小麦，再从 100 户人家要来豆子，把这些碾碎加水放入坛子，等到有雪的大年初一，把坛子打开，让母亲喝了里边的东西，病就好了。

两个儿子按照神仙的办法各自准备了一个大坛子密封好，可是下一年的初一并没下雪，老二耐不住性子，提前打开了那个坛子，却发现里边只有馊水。等到第二年大年初一，天终于下了大雪，老大打开坛子，发现坛子里是一汪清亮的水，他连忙端给病重的母亲，母亲喝下后果然痊愈。

做事少了耐心，就像制药少了一味重要的辅料。慎独修身强调克己，克己不仅仅是要克制欲望，还包含了一份耐心。想要完成一件事，除了决心和能力，耐心同样必不可少，如果不能坚持到底，再小的目标也难以达成。

耐心对困境而言尤为重要，我们想做成一件事，中途总会遇到或大或小的阻碍，对于小的阻碍，多数人能跨过去，对于大一点儿的阻碍，半数人也愿意咬咬牙挺过去，但如果真正遇到了绝境，只有少部分人仍愿意坚持，而他们就是最有可能取得成就的人。

在取得成功之前，你需要经历长时间的磨炼，这时候也需要你的耐心等待。在觉得困难的时候，不要怕被埋没，也不要觉得前途一片漆黑，因为你正处在黎明前的黑暗中，此时最冷，也最接近成功。

没有人能够一步登天，成功者都在默默地积蓄力量，和他们一样，在机会来临之前，你需要做的是精心准备和耐心等待。

|002| 停止无用的抱怨，用行动改变现状

一个员工在一家外贸公司工作，他是个努力肯干的人，每天起早贪黑、到处奔波，但也许是方法不当，他的业绩并不

好，每个月的工资加上提成只够支付房租和日常开销，这种现状让他郁闷。想到自己付出的劳动，他认为自己应该有更高的薪水。

一天，公司开完月度大会，这位员工不满地对领导抱怨：“领导，我希望能涨涨薪水，我辛辛苦苦工作了一个月，工资只有 5000 元，为什么 ×× 就能拿 1 万？”领导说：“这个月 ×× 的销售额是10万元，而你只有两万。”这位员工哑口无言。

很多人抱怨自己的付出和得到不成正比，却没有发现这种抱怨恰恰证明了他们能力的欠缺，欠缺能力也许是暂时的，但抱怨却让这时限无限延长。

一个人会抱怨，原因大多是觉得自己吃了亏、受到不公正待遇，需要宣泄内心的不甘与苦闷。但其实，尽快分析产生这种不公正待遇的原因、检讨自己的不足，远比把大好时间浪费在抱怨这种无意义的行为上更有意义。或者说得更直白一点，他们真正应该抱怨的不是境遇的不公平，而是自己不够认真的态度。

慎独者很少抱怨。一个认真做事、严格要求自己的人不会时刻抱怨环境、抱怨他人，他们永远把“自己的不足”放在第一位，他们会积极思考如何改变现状、如何让自己更好，而不是不断对他人诉说自己的不幸。失败面前，慎独者与爱抱怨者都不愿接受既定结果，不同的是，前者想办法改善，后者以牢骚取代行动。满腹牢骚，正是失败者的一大特点。

工作了一天的丈夫回到家，发现屋子里一片狼藉，洗衣机里有脏的衣服，地板上满是昨天留下的垃圾，桌子上还有倾倒的啤酒罐，厨房堆满了没洗的锅碗瓢盆，从门口到客厅，再到卧室，孩子的玩具扔得满地都是。

丈夫对妻子说:“我们家发生了什么？为什么屋子乱成这个样子?”

妻子说:“什么也没发生，这就是你临走时的样子。”

“天啊！你在家竟然不收拾干净！”丈夫大怒。

“我每天都有好好收拾，可是你每天回家后总是带着不满意的表情问我:‘你一整天难道什么都不做吗?’所以我决定今天什么都不做，让你看看效果。”妻子平静地回答。

很多时候，我们对待生活只有一种角度，会形成一种惯性思维，并会习以为常。一旦有意外打破了惯常的环境，带来不满与伤害，就习惯性地抱怨外界。如同故事中的丈夫，以一知半解的认识加上几分揣测拼凑事物的全貌，然后自以为是地抱怨，殊不知已然进入了思维的陷阱。抱怨是对他人的一种伤害，特别是在自己不了解情况的前提下就随意抱怨别人，而这种不妥当的抱怨也表明了一个人不负责任的态度。

慎独者的思维与抱怨者迥异，当抱怨者将责任推卸给他人时，慎独者却反复寻找事情与自己的关系，主动承担责任，他们更重视以行动改变现状。相比抱怨，做一个善于行动的人，才能更快满足我们内心的渴求。行动者是没有时间抱怨的，他们注重培养耐心，增加心性的成熟，在不断的尝试中积累有效的经验，这是比抱怨更积极、更能带来正能量的生活方式。

当人生充满收获与成就时，我们分享的将不是抱怨与不满，而是丰厚的阅历，这才是最佳的人生状态。

|003| 注重做事的过程，避免半成品人生

一位画家苦恼地找到他的老师抱怨说："为什么我的画总是卖不出去，而您的画却有人排着队去买？"

老师说："画的价值在于画家的创造。你跟我说说，你画一张画需要多少时间？"

"我画画很快，一天就能画一张。"学生说。

"我和你不一样，我认为多数画作都需要慢慢构思，当我画到一半，如果觉得哪一笔画得不好，就会撕掉这一张重新画。我画一张画最少也要几个月。没有顾客希望买到半成品，如果你也肯用更多时间琢磨你的画，你的画很快也会供不应求。"老师说道。

生活中，我们经常陷入一种"半成品状态"，做一件事只看重结果而不看重过程，常常在过程中应付了事。这样即使达

到了目的，也是没有质量的，更不能和那些努力的人得到的成就相比。就像盖一座房子，那些对一砖一瓦都很慎重的人盖出来的总是最结实的房子，是完美的成品。而那些或者不注意原料、或者不注意图纸、或者不注意美观的人盖出的房子总有这样或那样的遗憾，让人觉得不完美，这就是半成品状态。

慎独者拒绝“半成品人生”。事情不能做到一半就停止，也不能在过程中偷工减料，要将恒心和毅力贯彻到每一个步骤中，就像大师打磨钻石，需要将每一个切面细细打磨，不能有任何遗漏，如此才能有光彩夺目的作品。人生又何尝不是如此？我们所要求的并不是苛刻的完美，而是在能力范围内尽量做到最好，对个人而言，这样的人生才是没有遗憾的“成品人生”。

安娜和玛丽一起去购物，在回家的路上，安娜突然发现玛丽外套上的一颗扣子摇摇欲坠，她提醒说：“你的扣子快掉了，回家一定要记得缝好它。”玛丽看了扣子一眼，二话不说就拽了下来放进口袋。

安娜大吃一惊，因为玛丽这件外套是最新的流行单品，她如此干脆地拽下扣子，实在出乎预料，安娜说：“其实你可以回家再缝的。”玛丽回答：“我不能保证在回家的途中扣子是否会丢掉，不能为了一时的好看而在将来后悔莫及。”

一件小事却能看出两个人思维方式的不同，安娜注重当前，而玛丽的打算却更为长远，她看到的是事物背后可能存在的隐患，这就是深思熟虑。出现“半成品”状态，往往源于人的急躁与短视，急躁的人做事欠缺思考，短视的人做事贪功冒失。为避免“半成品状态”，在做事的过程中便不能忘记深思熟虑。

深思熟虑的人不容易吃亏，对事他们不会冲动地作出决定，而是会思考这件事可能存在的多种选择，以及每种选择可能产生的后果，他们还会询问身边人的意见，以弥补自己的思维死角。因为他们想得周密，遇到问题的时候早有对策，所以过程往往比他人更顺利。因此，深思熟虑绝不是瞻前顾后，它反而会提升执行力和抵抗危险的能力。

《论语》中说：“欲速则不达。”草率地行动、急躁地冒进会使成功率大大降低。事先多思考一分钟，浪费不了多少时间，但却避免了很多后续的繁琐补救。

|004| 尽管不断失败，却不丧失坚持的勇气

那是一场激烈的音乐大赛，陈琳只是几千个参赛选手中不起眼的一个，但她对自己很有信心。她出生在艺术氛围浓郁的家庭，从小就学习钢琴，童年是在钢琴边度过的，她至今还记得把生涩的音符变成优美的节奏的喜悦。

也许是太过紧张，在最后的决赛中，陈琳乱了阵脚，她

第一次面对那么多评委，每个人的眼光锐利而挑剔，她弹错了好几个音，在评委们的目光中，她知道自己的第一次参赛即将以惨败收场。结果也正像陈琳预料的那样：她没有获得任何名次。

令陈琳意想不到的是，比赛后，一位严肃的老钢琴家主动对她说："你很有天赋，不要气馁，你很优秀，只是有些缺乏经验。"这句话让陈琳立刻鼓起了勇气，她相信随着经验的积累，自己一定能在今后的比赛中崭露头角，不辜负老钢琴家的鼓励。

很多人羡慕成功者，他们的人生看上去那么完美，即使经过一些磨难，也让人觉得磨难只是那条成功道路上不起眼的石头，他们的成功像是水到渠成的，没有花费多少力气。在羡慕成功者的同时，他们难免对自己的现状产生失落感：为什么自己面前永远是一座座高山，没有任何出路？

成功者之所以成功，并非因为他们的路途更加容易，只是他们不畏惧失败，愿意坚持走得高一点、远一点，将高山踩在脚下。只要站得足够高，那曾经高大、像是不可征服的高山都会变成路上的石块，而那些始终不愿努力的人只能远远地看着高山，甚至被小石块绊住脚。

慎独者应该学会举重若轻，对待失败要有平常心，就像学习走路的时候，身边的人会说："走路时要自己学，跌倒了就爬起来。"做任何一件事都和学习走路没有本质区别，摔一跤之后，马上爬起来继续走，终有一天能走得稳稳当当。如果摔一跤就不敢迈开双脚，就只能留在原地，一辈子做个健全的“残疾人”。

失败不是大事，它只是你在人生道路上学步时摔的一跤，可能让你鼻青脸肿，却不会要你的命、堵塞你的路，只要走多了，你就能征服它。

一个雨天，作家匆匆忙忙地走过街道，突然发现街边的空地上正在举行一场足球赛，孩子们组成两个队正在比赛，现在已经进入下半场，虽然下了雨，但孩子们显然都不愿意放弃比赛，就连观众们都在不停地喊加油。

作家发现邻居家的杰克也是球员之一，还是重要的守门员，作家很惊讶，前几个月他还听儿子说，杰克的技术太差，只是候补守门员。作家停下脚步看了一会儿，发现杰克的技术果然不好，不一会儿就被对方射进了一个球，但场外却有很多人大声为杰克加油，杰克的双眼也闪耀着不屈不挠的光芒，一次次扑着球倒在污泥里，又迅速地站起来把球扔给队友。

比赛结束后，杰克所在的队伍得胜，作家和自己的儿子一起回家。他问儿子：“几个月前你不是说杰克是个很差的球员，今天我看你们都很喜欢他。”

儿子说：“即使现在，他也不是个技术很好的守门员，可是他比我们中的任何一个人都敢拼，所以我们都喜欢他。技术只要慢慢练，都可以练出来，而杰克的拼劲却是谁也没有的。这个月的几场球赛，要不是杰克每次都在困难时依然坚持，我们就不会赢那么多场。”

驽马十驾，功在不舍。那些经过无数次失败依然坚持的人，终会像被打磨出的宝石，发出耀眼的光芒。这光芒，也是岁月给坚持者的礼物。

做一个不轻视自己的慎独者，也许你和别人有很大的差距，但要相信自己同样有成功的潜力，不要轻视自己的努力，假以时日，补充自己的缺漏，就能缩小与别人的差距；你已经为了自己的梦想奋斗了许久，不能因为困难就放弃，要自始至终坚持下去，成功只有一步之遥，很多人在差一步的时候退后，就与成功失之交臂。

所以，在遇到挫折的时候一定要告诉自己：坚持下去，你没有失败，你只是缺少经验。

|005| 相信事在人为，没有什么是天生注定的

临川位于江西东部，自古就是著名的才子之乡，这个地方山清水秀，有深厚的文化底蕴，著名的北宋文学家王安石、明朝戏剧家汤显祖、北宋诗人晏殊和其子晏几道等人都生于临川、长于临川。

据统计，从宋朝到清朝，这个地方的进士多达两千多人，

即使现在，临川也以神童众多出名，这个现象吸引了很多人去临川一睹山水风情，寻找这里孕育才子的原因。

一次，一位记者去临川拍摄纪录片，他问当地的一位老人："为什么那么多的才子出生在临川？"老人平静地说："在这里出生的没有才子，只有孩子。"

有人说，人与人出生时就不一样：有些人天生就衔着金汤匙，有些人出生就要面临贫困；有些人生来就有艺术才能，有些人却天生对艺术缺根弦；有些人生在和平的年代，有些人却在战火中发出第一声啼哭。这些都是事实，但只要看看多少人通过自己的拼搏而成为企业家，多少人通过自己的努力成为人人称羡的艺术家，多少于乱世中长大却成为治世能臣、开国武将，你就会相信，起点通向终点，却不能代替终点，起点和终点之间还有一条长长的路，需要人们相信事在人为，没有什么事是注定的。

每一个慎独者都不会把"注定"挂在嘴边，他们只相信事在人为。每个人都曾一无所有，每个人又都很富有，因为人生来就有渴望生存的本能、实现梦想的权利，我们努力就是为了发掘自身的潜能，以此来适应这个世界，实现自身的价值。

没有人是天生的成功者，所有人在初生之时都是婴儿，决定他们命运的是他们自己的努力。只要不放弃自己、不放弃努力，成功就不会拒绝你。

一个商人生意失败，他看着空荡荡的厂房，想到自己一生的事业就这样付诸东流，心头一阵悲凉，甚至有了走到楼顶结束一生的念头。这时候，一个清洁工走进厂房，商人说："厂子今天已经倒闭了，不需要打扫了。"

"我拿了今天的工资，就要把今天的活干完。"清洁工说着开始打扫。

商人注视着这个清洁工，动情地说："我记得你，厂子刚开起来的时候是我聘请的你。现在这里所有的机器都被拉去抵债，什么都没有了。"

清洁工说："当年我应聘的时候，这里也只是一间空房。"

"是啊，当年这里什么也没有……"说到这，商人突然停下了，当年的自己也曾经一无所有，不就是靠着自己的头脑和勤劳一点点地成就了一番事业？为什么不可以再来一次？

"我相信这里今后一定会有更多机器，到时候欢迎你来应聘。"商人郑重地对清洁工说。

每个人都会遭遇一无所有，也许是一段感情，也许是一次全力以赴的努力，也许是一笔累积了很长时间的财富，它们在顷刻间化为乌有，你会觉得长久以来的经营毁于一旦，过去的努力全都成了泡影，失去了意义。世事无常，意外在所难免，你能做的不只是悲观和哭泣，还可以积极地发掘失去的价值。

失去意味着曾经的"得到"，它们曾经带来过快乐，带来过财富与地位、带来过宝贵的经验，这些都是不能抹去的回忆，即使失去了成果，那些感觉依然留了下来，能力和经验更不会被磨难带走，只会在挫折面前越来越成熟，从这个意义上说，每个人都是富有者。

不必惧怕失去，失去只是人生给予你的另一个新的开始，它之后跟随的是更加丰厚的奖励。请告诉自己，没有什么是命中注定，只要努力，就不会一无所有。

|006| 给所有开始画上一个完美的句号

在国外留学的韩振曾说起过他参加的一次活动，那是汉堡市的全民马拉松大赛，他被大学同学拉去参加，他发现，参加这次马拉松的选手形形色色，既有身体健康的年轻人，也有生病的老人，还有跟在父母身后的孩子，优胜者的奖品也并不丰富，但每个参赛者都兴致盎然。

随着裁判哨声的响起，成千上万名选手开始沿着街道长跑，韩振也跟在他们身后，跑过一座座建筑、一个个路口之后，他发现很多人体力不支，速度慢了下来，但他们仍在继续坚持。

等到韩振跑过终点线，回头观察身后的人，发现他们中的多数人已经开始走路，但仍然笑容满面。韩振这才明白，对于这场比赛，人们看重的是参与，是坚持到最后的努力，而不是结果和名次。

我们习惯以成败为标准定义人生，那么什么是真正的成功？

人生其实就像一场全民马拉松大赛，在起点就感到畏惧，放弃参赛权，是胆小鬼的做法；中途体力不济就放弃，是逃兵的做法；只有坚持到最后的人，才能称为胜利者。尽管你现在还没能做到最好，但你愿意主动尝试，这是一种成功；坚持到底也是一种成功，即使有时这种成功无法带来所谓的有用的奖赏。

慎独者知晓坚持的意义，“不放弃”是他们的座右铭。很多人习惯五十步笑百步，自己做得不好，却嘲笑那些做得更不好的人，以此换取心理平衡。殊不知，两人都是没有抵达终点的失败者罢了。坚持到底的人没有时间嘲笑别人，他们已经把已抵达的终点作为新的起点，继续前进。

一位作家在报纸上连载一部小说，刚开始的时候，反响很好，很多读者给他写信畅谈对作品的感受。到了中途，作家感到后继无力，读者们也不再留意这部作品，认为作家江郎才尽，有人给编辑部写信，建议尽快结束连载，换成其他作家的作品。

这家报社和作家有多年的合作关系，编辑很想给作家一个机会，就对作家说：“我向社里争取了10天的时间，这10天，你把这个故事做个收尾，你可以胡乱编一个结尾，因为已经没有人期待这个故事的结局，也可以给这个不完美的故事画上一个完美的句号。”

作家本人早已对这部小说感到厌倦，听了编辑的话，勉强打起精神，心想，就算它是一本不完美的小说，至少也要有个完美的句点，才不辜负自己从前的努力。在那10天里，作家殚精竭虑，不停地打草稿，反复与编辑讨论修改意见，定稿后又反复校对，这才把小说结尾刊登在报纸上。没想到，这个结尾得到了读者们的追捧，他们纷纷表示看得意犹未尽。在读者们的强烈要求下，这部小说开始连载第二部，作家也突破了往日的瓶颈，越写越顺畅。

一件事往往因坚持而产生奇迹，因放弃而提前结束，在结局出现之前，一切都是未知数。著名童话家安徒生曾经希望自己成为一个在丹麦有影响力的作家，所有人都认为这个只会编故事哄小孩的年轻人不会有出息，就连安徒生本人都充满了不安与自卑。但是，出于对孩子们的热爱，他写了一个又一个的童话。他去世后，他的作品传遍世界各地，成为全世界儿童的共同财产，而他的名字早已走出了丹麦这个国家，被全世界的孩子怀念。如果当时的他没能挡住压力，没有继续执笔，我们今天将有多大的损失?

美国小说家欧·亨利写过一篇叫《最后一篇树叶》的小说，小说中有一位终身潦倒的画家，为了鼓励一个生病的女孩，在风雨交加的夜晚把一片树叶画在墙壁上。女孩获得了勇气，治好了疾病，这位画家在生命的最后完成了最美的作品，给自己画了一个完美的句点。

人在任何时候都不能放弃努力，即使遭遇了一连串的失败，即使想要放弃，仍要将自己的才能发挥到最后一刻，也许那个句点会成为你最大的成就。

|007| 浅尝辄止常常使你错过成功

一位富翁想要和仆人开个玩笑，他准备了10个不透明的大啤酒杯，在里面放入浓稠的汤，对一个仆人说：“嘿，约翰，我今天准备了两个金币给你，就放在其中一个杯子中，看你能不能喝到。”

约翰很想得到两个金币，他端起第一个杯子，喝了几口，觉得金币应该不会放在第一个杯子中，于是他又去喝最后一个杯子里的汤。喝到一半，又觉得主人不会把金币放在最后一个杯子里。这样反反复复，喝到第七杯，他再也喝不下任何东西，主人遗憾地说：“真可惜，其实我在每个杯子里都放了两枚金币，你只要随便喝干哪一杯都能得到。”

半途而废的人总是达不到目标，不是他们运气不好，而是他们总是左顾右盼，没有一条道走到底的动力和决心。

好的开始并不意味着好的结束，《诗经》中有这样一句话：“靡不有初，鲜克有终。”很多人做事都是虎头蛇尾，一件事做了一会儿，又想做另外的事，他们总是在比较，总想知道做哪件事既省力又能取得好的成果，三心二意的结果就是什么事都做不好，白白浪费了时间和精力。

多数时候，成功就站在前方等你摘取，想要获取成功，眼睛就要紧紧地盯着既定的目标。我们总是在浅尝辄止地经历着自己的人生，还把这种“广泛”涉猎误以为是丰富阅历，事实上，一件事没做成，件件事都做不好，因为我们从未具备成功者专一的品质。

40岁的于女士是世界登山协会的成员，她的橱窗里摆放着世界各大山峰的照片，照片上也有于女士灿烂的笑脸。到于女士家做客的人看到照片常常惊讶地说：“你工作这么忙，却去过这么多地方，爬过这么多山，你是怎么做到的？”

于女士说：“我是20岁的时候喜欢上爬山的，那时候我和同专业的几个女孩在学校成立了登山俱乐部，大学那几年，我们爬了国内很多山，毕业后，我们约好每年假期的时候都要一起去爬山。第一年，我们一起去了日本，到了第二年，就有人因为工作太忙而放弃，后来陆续有人因为身体、家庭等原因而放弃了爬山的爱好，只有我坚持了下来，并且我也没有因为登山而耽误家庭和工作。相反，每当我定下一座山作为目标，我的工作就会更有效率，生活也更有劲头。爬山给了我很多快乐，也让我了解到很多事都像爬山，最初是艰难的，越到后来风景越好，当爬到山顶那一刻，你便能体会到何谓战胜自己、何谓胜利。”

生命中的愿望与困难是一座座等待攀登的山峰，我们最初聚集在山脚下，怀着征服它的雄心壮志，开始的几步，我们走得潇洒，到了半山腰，开始感到心跳气喘、腿脚抽筋，这时候有些人被惰性支配，转身下山，剩下的人继续跋涉，他们牢记着“无限风光在险峰”。

经过漫长攀登到达顶峰的人是成功者，只有成功者才能享受到最开阔的风景，体会“一览众山小”的滋味。不必为失败找借口，想要领略最好的风景，必须有风餐露宿的艰苦经历。还要记得的是，到了山顶就要下山，不必留恋顶峰的景色，既然已经领略过，它就成为只适合留在回忆里的风景。继续寻找下一座更高更美的山峰，这才能实现人生的不断超越。

|008| 一次只做一件事，把这件事做到最好

一家公司的员工工作效率低下，老板有些上火：为什么公司员工看上去忙得焦头烂额，却如此没有效率？难道是员工们装出忙碌的样子，事实上却在磨洋工？

经过调查分析，老板发现员工们并非偷懒，他们每天的确有做不完的工作，问题出在员工们总是同时进行太多项事务，以致无法集中精力，顾此失彼，影响了整体效率。

于是，老板下定决心改革这个弊端，他规定公司员工“一次只做一件事，但要把这件事做好”。执行规定后，员工们集中所有精力在短时间内只完成一件事，自然成效显著。很快，公司的业绩便有了提升。

对自己要求高的人总想把每一件事都做好，然而，做事需要讲究方式方法。就像猎人只能盯住一个猎物射出弓箭，如果被其他猎物分神，射出的箭就会失去准头，既丢了眼前的，又得不到让自己分心的。莫不如先把既定的猎物抓到手，再考虑其他的。

一次只做一件事是一种智慧，即使我们每天都有那么多事要忙，也不能因急于求成而失了策略，精力一旦分散，就会削弱我们的应变力，让我们在忙乱中顾此失彼，就算我们有自信统筹兼顾，将各项事务安排得井井有条，也难免会出现突发状况。而且，同时进行的事情越多，这种突发情况出现的概率就越大，只会导致我们的损失更大。与其各项事务都完成得马马虎虎，忙了半天却一无所得，不如定下心来，踏踏实实地做一件事是一件事，得到一分收获是一分收获。

章晓童年的时候，家家户户还没有住进楼房，大多建一个低矮的土楼，用砖头围成院子，有些院子里种鲜花，有些院子里种蔬菜，而章晓家的院子里只有一棵小树。

这是几年前不知道从哪里刮来了的许多种子，在自己和邻居家的院子里都生了根、发了芽，邻居家长得郁郁葱葱，而父亲却将自家小院里多余的都砍去，只留下了这一棵，章晓不解地问："为什么我们不把这些树苗全留下？"父亲说："我们的院子不大，这么小的土地不能提供那么多养分，只留下一棵，是为了保证它能茁壮成长。"

章晓仍然不理解，他很爱看邻居家那些挨得紧实的树苗，想到不久后，邻居家会有一小片树林，而自己家却只有一棵树，章晓对父亲头次有了不满。但几年之后，章晓家的树已经粗壮高大，能够让全家人在树荫下乘凉，而邻居家那些小树只有碗口粗、一人多高，再也不能长大，看上去稀稀拉拉。章晓终于明白："一"不一定是少，而"多"有时未必是好事。

人们常常要面对"一"与"多"的关系：时间只有一份，想做的事却不少；爱人只能有一个，优秀的追求者却不少；空闲时间不多，业余爱好却不少；只能选一份工作，聘书却收了不少……我们常常会觉得苦恼，有时也会不由自主地感叹，如果这些东西都能归自己所有那该有多好？好在慎独者懂得节制，转念一想，拥有太多也未必是好事。

多数人的目标不只一个，每一个都值得去坚持、去争取，但时间有限、生命有限，他们不能兼顾，有时只能为了实现其中一个而舍弃其他。用乐观的眼光看，这种舍弃也许只是暂时的，如果你能很快实现第一个梦想，在接下来的时间内，你就可以去做第二个、第三个……不妨将要做的事列个表，在适当的时候检验自己究竟有多少个目标，以及完成了多少。重要的是，不论对事业还是生活，你都要有这样的觉悟：一次只追求一个，贪多嚼不烂。

第十一章 格局

勤学深悟，丰厚体验

世间万物构成一本厚重的书，我们浸润其中，唯有在有限的生命里快马加鞭地阅读与体验，才能将这本书读懂、读透。勤学深悟、丰厚体验是慎独者提升格局的有效方式，一个人的底蕴决定了他的气质，一个人的眼界决定了他所能抵达的高度。格局高者，人生远大。

|001| 为自己设立一个远大的目标

两个孩子走在乡间的小路上，比赛谁能走得更远。一个孩子年长一岁且身形较瘦，另一个孩子则又矮又胖，年长的孩子想：“我的年纪比他大，力气肯定也比他大，况且，他又是个胖子，走不了多远，这场比赛我赢定了。”但胖一点儿的孩子也一脸的自信。

比赛开始了，年长的孩子果然很快就超出一大截，他认为胖孩子马上就会认输，没想到那个孩子就在他身后，走得很稳当。又走了很久，年长的孩子渐渐支撑不住，胖孩子仍然走得很稳当。最后，年长的孩子认输，问另一个孩子：“你这么胖，怎么比我走得还要久？有什么秘诀吗？”

“没有什么秘诀，”胖孩子说，“你走路的时候只看着自己的脚，所以容易疲倦，而我会盯着远处的某个地方，给自己定下一个目标，达到这个目标后，我再找下一个目标，所以我越走越快。我想，这大概就是我们的区别。”

不同的目标能够造就不同的人生。我们从小就被教育，对未来要抱有远大的理想，因为一个人的目标在很大程度决定了他的动力和终点。拿最简单的跑步作为例子，如果一个人的目标是500米，他到达后就不会再想继续跑，就算要继续跑，也要经过一段时间的休息，因为他已经完成了预期目标；而把1000米作为目标的人，就算到了终点不再继续跑，也比别人多了500米，目标的设立决定了人与人的差距。

每个人都要为自己设立目标，并且目标必须是有效的。有的人没有目标，人生的方向是混乱的，不知道该往哪里走，该朝哪个方向努力；也有人胡乱为自己定下目标，根本没有考量具体情况、制定具体计划，更别说按照计划认真执行，这样的目标就是无效目标，自然得不到想要的结果。

建筑工人汉克斯和几个工友走出了工地，今天是周末，他们照例要去酒馆喝上几杯。在街口，一辆气派的轿车停在他们身边，城里著名的建筑商人格林先生走了下来，与汉克斯打招呼，两个人亲密地聊了很久。

等格林先生的车子开走之后，工友们问汉克斯："你竟然认识格林先生！真让人吃惊！"

"我和他认识10年了，10年前，格林和我一样是建筑工人！"汉克斯说。

"天啊，为什么你们现在有这么大的差别！"工友们问。

"没什么可奇怪的，10年前，我们都是建筑工人，不同的是，之后我为每周30美元的薪水工作，他则为建筑事业工作，所以他成了一个成功的建筑商，我现在仍是一个为每周几十美元薪水工作的建筑工人。"汉克斯说。

目标的另一个意义在于对行为的激励。每个人都在为理想奋斗，目标高远，自然需要付出更多的努力，做得更多、学得更多，如此才能有实现目标的可能；而目标低的人，稍稍努力一点，就会有快速接近目标的满足感，并产生“我做得已经够多了，这样已经很好”的错觉，由此生出懈怠。所以，有的人总是嫌自己做得不够多、懂得不够多，而有的人则会抱怨：“我已经足够努力，为什么还是不如其他人？”

真正的理想是建立在实力基础上的未来目标。这个目标看似很遥远，但并非无法实现。也许你会觉得实现理想很困难，似乎全世界都在和自己作对，总是碰到麻烦，但当你坚持不懈地走下去，就会发现世界会给那些有远见的人让路，艰难险阻之后便是柳暗花明、水到渠成。

|002| 适当弹压自己，才能跳得更高

武夷山上有两块纹理不错的石头，几十年后，其中一块成了山里寺庙的佛像，接受人们的膜拜，另一块仍然在山里忍受风吹日晒。这块石头对佛像说：“我们是同样质地的石头，为什么你有这么好的运气，而我却混得这么惨，我的命真差，上天真不公正。”

佛像说："你难道忘了吗？几十年前，那些雕刻佛像的人最先选中了你，当他们把刻刀碰在你身上，你便大叫着让他们走开，而我却忍受着一刀又一刀的痛苦，所以我才能被大家膜拜，而你却无人理睬，这有什么不公正？"

如果以辩证的思考方式看待痛苦，苦对应的便是甜，没有苦，甜就显现不出它的独特，正是因为有了苦做对比，苦尽甘来才格外让人感慨。曾经有一位哲人对学生们说："世界上最豪华的卧室并不是五星级酒店的总统套间，而是在你经过几天的旅程后突然看到一个可以睡觉的茅屋。"只有尝过苦头的人，才会最确切地体验到成功的甜味，那味道也会因磨难越大而越显清冽，让人毕生难忘。

"苦"是一种考验，能够吃苦，说明你有成就事业的耐性；敢于吃苦，说明你有足够坚决的意志力；"苦"也是一种机会，胆小的人会避开它，勇敢的人会接受它，有智慧的人则会主动寻找它。

当罗西以全区第一的成绩考上重点高中的时候，他踌躇满志，相信只要自己努力，就一定会进入重点大学。进入高中后，他依然勤恳地学习，用大量的时间完成知识的积累，还经常跟老师讨教一些更高深的问题，高一上学期，罗西一直是班上的第一名。

然而，这种情况随着新任班主任朱老师的出现而暂告结束。朱老师教英语，罗西不明白为何一到考试，自己的英语成绩就比以前低了至少10分，朱老师总是用苛刻的标准对待他的作文和英文简答，要知道主观题分数很宽松，只要答案差不多，老师就可以选择给高一些的分数。这种情况不仅出现在英语试卷上，罗西发现其他科目也有类似的现象。整个学期，罗西一直在班上的前五名徘徊，却再也没有考过第一名。

罗西认为朱老师对自己有偏见，他试图找朱老师谈话，但朱老师只给了他一个答复:“没有考到第一，是你自己努力的不够。”罗西气得回到宿舍摔书泄愤。刚好罗西的表哥曾经是朱老师的学生，他听后说:“我敢肯定，朱老师一定卡了你的分数，而且还让其他科目的老师一起卡你。朱老师知道有潜力的学生往往自信过盛，心理承受能力却不强，他是希望用挫折来磨炼你。”

听了表哥的话，罗西抖擞精神，颇有“越挫越勇”的架势，他拿出更大的耐心和朱老师“硬磨”。高考时，罗西考出了自己都没想到的好成绩，他很感激朱老师的良苦用心。

我们小时候都曾一边唱着儿歌一边拍皮球。皮球有一个特性，即拍的力气越大，弹的就越高。如若皮球长期处在无人监管的状态，它内里的气体就会渐渐流失，只有经常弹弹拍拍，才能保持它紧致的弹性。人的心态有时也像这个小小皮球，给予适当的压力与拍打，反而能让它更有力度，人们把这种弹压称为“鞭策”。

主动选择吃苦和主动接受鞭策，都是为了能够让自己走得更远、跳得更高，也可以说，慎独思维本身就是对自我的一种鞭策。不论是自我检讨，还是接受他人的批评，慎独者常常用各种方法激励、警示自己，这一过程中，疼痛在所难免，也正因为这种疼痛，头脑才更加清醒，双眼才能看清现状，然后奋起直追。

|003| 勇于尝试自己不敢做的事

经理要辞退餐厅的一位清洁工，他说:“这个清洁工如此低的文化程度怎么能在我们这里工作？所以我必须辞退他。”清洁工再三恳求，但都没能改变经理的决定。

已经工作了20多年的清洁工突然失去工作，他的恐慌可想而知，今后的生计问题如何解决，着实令人发愁。

这个时候，他听说邻居的杂货店想要盘出去，万般无奈之下，他拿出了自己所有的积蓄盘下了这个小店。结果由于经营妥善，小店变成了大超市，生意越来越红火。后来，他对别人说:“以前也想过不做清洁工，做一点儿更赚钱的事，但因为害怕社会，不相信自己，就经常劝自己说‘做个清洁工也不错’。也许我该谢谢那位经理，他让我必须做自己害怕的事，让我发现了自己有成功的能力。”

人对未知事物有与生俱来的恐惧，特别是当未知的改变关系到自己的未来。我们更习惯安于现状，尽管现状不太如意，但至少它是安全的、可以掌控的。突破需要勇气，它意味着破坏安稳的现状，也意味着必须承担比现在更多的风险，在这样的利弊权衡之下，多数人会选择规避风险，原地踏步。

然而，生命其实是一个历练的过程，需要不断突破旧的自己，迎接新的改变。就像蝴蝶需要挣脱旧日的茧，才能飞上天空，这个挣脱的过程必然是痛苦的，但若想生命到达一个全新的高度，疼痛在所难免，人们必须克服内心的恐惧，跳出舒适圈，勇敢尝试那些自己没有把握的事，才能不断获得新的成功。

一家保险公司为加强员工素质开设了岗前培训班，并聘请了一流的业务高手做讲师，领导们相信，经过历时半年的培训，新人们的业务水平一定能有质的飞跃，为公司带来更高的效益。

没想到一年之后，这些经过培训的员工大都辞职改行，公司高层百思不得其解，最后一位心理学家解答了他们的疑问：经过培训，员工们的确具备了高超的业务水平，但他们却缺少了作为保险业务员最重要的心理素质。众所周知，做保险业务员必须有极强的心理承受能力，这样才能让他们在经受了推销的冷遇和一次次失败后仍然激情饱满。成功靠的不仅仅是娴熟的技能，一份乐观的心态同样重要。

只有心灵强大的人才能抵御住各种困难、坚持自己的主张，在一个全新的领域得到立足之地，而那些意志不够坚定的人，即使他们有勇气尝试，也会在困难的现实面前迅速败北。

尝试未知，先要战胜自己内心的恐惧。我们害怕的不过是失败，如果我们能够视失败为过程而非结果，在失败中不断试错，不断积累经验，那么失败便没有想象中那么重要。世界上的成功大多来之不易，没有人能够随时保有绝对的自信，我们需要的是面对恐惧时的决心，这份决心来自于对事业的认真、对目标的坚定，唯有如此，我们才能一丝不苟地完成每一次可能失败的尝试，从中找到通往成功的路径。

人们往往不会全面了解自己的才能，如果能多多接触那些自己从未涉足的领域，做自己一直不敢做的事，也许就会发现自己在某一方面有惊人的天赋。每个人都有无限的潜力，去尝试那些从未尝试的事情，你的人生会因此而更加丰富。

|004| 虚怀若谷，才能容下大千世界

父亲带着13岁的儿子出门旅行，到了一个山谷，儿子说：“爸爸，这山谷真窄，好像只能走进一个人！”父亲说：“这两座山只是山谷的门户，山谷的容量不在于门的大小，而要看里

边。”说着，他带着儿子走了进去。

进入山谷，儿子发现里边别有一番景致，不但有清澈的小溪，平坦宽阔、盛开着野花的草地，远处还有一座接一座的山峰，一眼望不到边。父亲说：“有一个成语叫‘虚怀若谷’，说的就是一个人的心胸要能盛得下东西，才能像山谷一样美丽。今天我带你来这里，就是希望你能随时让自己保持山谷一样的心胸，只有如此，你才能看到更多的东西、接触更多的人、得到更多的知识，做一番大事业。”

决定一个人成就的不只是能力和学识，还有他的眼界和胸襟。一个人的心胸只有像山谷一样开阔，才能装得下大千世界中来来往往的人以及变化万千的风景和无止境的知识。

慎独者虚怀若谷，对外界始终怀有包容之心，他们严于律己、宽以待人，对各种性格的人都能够接纳，并设身处地地理解他人；他们以求同存异的方式看待各种问题，不偏颇也不失原则。虚怀若谷的人往往谦虚而低调，他们是“不耻下问”的忠诚执行者，总是愿意接受更多的知识，他们从不自满，因为他们明白自满就意味着故步自封，强大的好奇心和求知欲使得他们愿意多多发展自己在各方面的技能，因此他们前程远大、不可限量，同时他们明白自己的根基在哪里，不会因选择太多而迷失方向。

李教授是一所著名大学的建筑教师，可谓桃李满天下。

过年的时候，以前的学生来他家里拜年，他们中的很多人都是国内有名的建筑家。

这一天，一个毕业几年的学生来看望李教授，这个学生最近拿到了一个国际大奖，心里正得意，在老师面前忍不住吹嘘自己的能力，李教授开始时仔细地听，后来发现学生一味地吹嘘自己，就拿出一个杯子向里边倒茶水，茶水溢出来了，李教授仍在倒水。

“老师，杯子已经满了。”学生提醒。

李教授看着学生说：“知道吗？你就像这个杯子，已经注满了水，还在继续往里倒。你要记住，要么增大杯子的容量，要么保持半杯状态，这样才能接受新的东西。”学生这才知道自己太不虚心，羞愧地承认了错误。

孔子是我国公认的圣人，也是学识渊博者的代表，年老后，他的学问更是到达了一个新的境界，但他却对门徒们说了这样一句话：“我越是学习，就越觉得自己知道的东西太少了。”学海无涯，在知识面前，越是渊博的人越谦卑，世界之大，无奇不有，我们又能懂得多少？只有狂妄的人才会觉得自己学贯中西、无所不知。

古语说：谦虚使人进步，骄傲使人落后。谦虚是品德，骄傲是障碍，如果一味地沉湎于过去做出的成绩，把这些成绩当作自傲的资本，就会停滞不前。人生就像一场赛跑，你赢得的只是一个赛程，想要不被人超越，永远走在前列，就要随时清空自己，忘记自己过去的荣誉，一次次从零开始。有人曾问球王贝利："在迄今为止的比赛中，你最满意的是哪个进球？"贝利回答："下一个。"人生也是如此，你需要把握的是下一秒、下一次，而不是过去。

都说"海纳百川，有容乃大"，这不仅仅是指心灵对外界的包容，更是对自己的要求和定位。一个人如果能够理智地看待过去、坚守现在、展望未来，他就能在得失之间保持平和中正，在纷扰的世事中保持从容的步调，因为他看到的比他人更远、知道的比他人更多。一个人的胸怀能够决定他的心灵状态是否富足，我们应该牢记法国文豪雨果曾说的名言："比海洋更广阔的是天空，比天空更广阔的是人的胸怀。"

|006| 梦想并非一蹴而就，不断超越过去的自己

两个毕业生同时进入一所中学担任地理老师，能进入本市重点高中执教，两人都觉得很幸运。在最初的实习期过后，两人的态度也有了不同的变化：

其中一个认为自己苦读十几年，终于有了稳定的工作，可以停下来歇一歇了，做一辈子待遇好又有假期的高中教师也不错；另一个人在教课的同时，继续学习自己的专业，每天都捧着外国学者的大部头著作啃到深夜，随着知识的丰富，他讲

课越来越好，连连升职，并在两年后成功申请到国外一所知名大学读研究生的机会。

每个人都有梦想，都曾为梦想努力。只是，有的人在某一时刻停下了，开始过一种固定的生活，他们认为自己的梦想实现了，维持现状最好。而实际上，他们的梦想不是实现了，而是停止了，再过几年，当他们发现自己的境况不如曾经与自己站在同一起点的人，才意识到自己的梦想正在渐渐倒退。

慎独者不会为梦想设定界限，他们不会对自己说“已经够了”，而会鼓励自己“再做得好一些”；他们把追逐梦想变成了一种常态，一直处于现在进行时；他们的目光永远看向前方，将所有成就放在身后；他们不愿让自己懈怠，就算不知道机遇何时到来，也会做好万全准备，随时让生命实现飞跃。

1905 年，波恩大学的教授们正在进行博士论文的审核，他们发现一位正在攻读博士学位的学生写了一篇很稀奇的论文，论题完全不在学校诸位教授的研究范畴，在他们看来，这位学生写的东西充满“异端邪说”。经过集体讨论，他们谁也不能接受这个学生的奇思怪想，他们决定不让这篇论文通过，这也就意味着这位学生今年无法从波恩大学毕业。

然而，这个结果并没有让论文的作者感到意外，更没有让他放弃自己的研究，即使没能获得教授们的认同，这个学生依然按照自己的方向开拓自己的研究领域。最后，他成了 20 世纪最伟大的科学家之一，他就是相对论的提出者艾尔伯特·爱因斯坦。

人生道路上，想达到的目标越高，沿途的艰险就越多，这并不奇怪。成功的道路倘若平坦，那么成功就失去了价值和意义。在布满荆棘的道路上，探索者不畏辛苦，不计算得失，只想走得更远、看得更多，他们追求的东西也许是有形的，但在他们心里有一种比有形的成果更高的东西，那是对梦想的坚持、对信念的坚守。

慎独者是懂得自我激励的梦想者，在这个时代，能够在渴望成功的同时坚守自我修养的人，本身就渴望着更大、更圆满的成功。他们想要证明自己的能力，为他人作出贡献。更难得的是，他们能在暂时的成功面前保持平常心。有多少人能在取得成绩后选择跳出舒适圈，继续前行？又有多少人在挫折面前坚持自己，不气馁、不灰心？

实现梦想不是一蹴而就的事，唯有不断地超越过去的自己，不断地自我激励不放弃，才能看到更多美丽的风景。

|007| 每个人都可以成为自己的老师

一位漫画家刚刚结束一部作品的连载，获得了很高的人气，但也有读者、特别是女性读者反映，漫画故事虽然吸引人，但男女主角的服装太土，没有时尚感，对于一部大热的作品，这不能不算是一种遗憾。

漫画家为此大伤脑筋，恰好读高中的女儿来向父亲要零花钱，漫画家正一肚子火，刚想训斥女儿虚荣爱美，只知道花钱买衣服，但看到青春靓丽的女儿，他突然有了主意。

很快，漫画家推出了新连载，很多读者惊喜地表示，以前这位漫画家靠故事取胜，没想到新连载竟然增加了时尚元素，主角们的穿衣搭配让读者眼前一亮。面对夸奖，漫画家自豪地说，这都是他那个爱美的女儿的功劳。原来，这季连载漫画的时尚顾问正是漫画家的女儿，漫画家向女儿询问年轻人穿衣搭配的诀窍，又拿出自己的作品请女儿指教，并对女儿说了新作品的构思，请她为出场人物设计衣服，如此才有了新连载的最大亮点。

能够博采众长是一个成功者必备的素质。学问存在于生活的方方面面，任何一件你不熟悉、不了解的事都可以当成一门学问，而那些熟悉、了解它们的人，都可以成为你的老师。勤学的人不会放过任何一个学习的机会，也不会小看身边任何一个人，不论对方是牙没长全的小孩，还是牙齿掉光的老人。

在古希腊，人们相信最聪明的人不是无所不能的学者，而是那些承认自己无知、愿意谦虚面对学问的人。在中国，慎独者也必须具备这样的素质。我们并不是一本百科全书，对于世界上很多学问，我们仅仅是一知半解，对于更多的学问，我们还处于懵懂状态。关于生活、关于自然、关于宇宙、关于我们的灵魂，我们有太多的疑问，即使穷尽一生都无法一一了解，需要更多的智慧来充实自己的头脑，又怎么能随随便便错过学习的机会呢？

一个运动员从六岁开始练习短跑，十年来，他一步步在区里、市里取得了良好的成绩，他的梦想是进入国家队，取得进军奥运会的资格。

他的教练非常清楚他的愿望，一次比赛后，教练找他谈话，给他提出各种需要改进的问题，鼓励他继续努力，并希望他向一个很有耐力的选手学习。运动员不解地问："他一直是我的手下败将，这几次比赛没有获得过任何名次，为什么我要向他学习？"

教练说："他虽然没有战胜过你，但他那种稳扎稳打的训练方法却比你们任何一个人都要踏实，难道这不值得学习吗？"

很多时候，我们拘泥于自己已有的成就，不愿向看起来不如自己的人请教，这是一种思维误区。我们之所以觉得自己比别人强，是拿了自己的优点去比别人的缺点，就像拿一把米尺去比一把短尺，当然有沾沾自喜的资本，可是米尺的精确度却远远不如短尺精良。这就是常言说的"尺有所短，寸有所长"。不要小看身边的任何一个人，他们的地位学识也许不如你，但总有你比不上的地方。

想要提高自己就要学会取长补短，只要对方身上具备自己所没有的优点，不管对方的身份如何、是不是比自己强，都要向他们学习。每个人都有自己独特的知识体系和人生体验，有些可能是你从未接触、从未听说的，如果你愿意向他们请教，就会发现你懂得的东西远远不够，如此一来，你会更谦虚，也会更宽容。

|008| 打破思维定势，改变固有定位

在泰国，一头大象被人捕获，猎手们拿了一个大大的金属圈，将它的一只脚拴在一棵大树上，然后就不再看管它。

大象试图挣开腿上的圈子，却发现任凭它怎样用力，圈子都牢牢地套着它，每次用力都会加深它的疼痛。久而久之，大象放弃了挣扎，认命地垂下了脑袋。

后来，猎手将这头大象带到其他地方，这一次，象腿上仍然套着那个金属环，但另一边只有一个小木桩，大象却乖乖地站在那里，一动也不敢动。它不知道只要自己稍稍用力就能获得自由，“无法挣脱金属圈”的思维定势已经困住了它，让它失去了自由。

我们也经常被某种固定思维限制住，当我们在头脑里一

再对自己强调“我不行、我不适合”，就会失去尝试的勇气，放弃到手的机会。其实，万事皆有可能，在尝试之前，谁也不能说自己不合适。在做一件事之前，如果先让自己打退堂鼓，成功的概率会至少减少一半。

一个人尝试体验的东西少，他的眼界就无法拓宽。一旦一个人眼睛里只看得见那一丁点儿东西，他就只能将这点儿东西做好，不知道该做其他的事，也不相信自己能做其他的事。可怕的不是地位太低、学识有限，而是眼界狭窄，看不到广阔世界。眼界宽广的人，即使所处的环境不如意，也能不断激励自己，在困境中寻找机会。

慎独者不断打破定势：在道德上，我们要走出“小我”，成就“大我”；在生活上，我们要尽可能排除负面情绪，拥有稳定的心灵状态；在事业上，我们要建立绝对的自信，将目光放远，为自己设想出更加美好的未来，并为之努力。

秋毕业后进入一家公司做文员，和她同期进入公司的还有几个女孩，她们的任务很简单却很繁琐，每天不但要做办公室的各种杂事，还要不停地给上司录入材料。

秋却没有像其他女孩那样抱怨工作没有前途，她相信机会要靠自己找，前途要靠自己寻。每天晚上她都帮上司处理各种邮件，起初只是将这些邮件分类交给上司，后来开始按照上司的要求写回信。再后来，秋已经能够独当一面，给出合理的回复意见。不久之后，上司发现这个小员工竟然这样有潜力，就将她提拔为自己的秘书，让她帮自己处理各种事情。

一段时间后，秋的待遇和同期那几个女孩相比可谓天壤之别，谁也不相信她只有中专学历。秋认为，事业不是别人给的，而是自己给自己的，你想要什么样的自己，才可能往那个方向努力。一旦给自己限定了位置，就只能停留在那个位置，再也不能进步了。

居于原本的位置，不敢设想自己可以做得更多、更好，就是一种思维定势。每个人都有无限的潜力，要么任由它埋没，要么给自己定下更高的目标，努力激发。不断挑战潜能，才能突破原有的瓶颈，晋升到一个新的高度。

此外，人们习惯根据自己的能力给自己设定一定的目标，比如护校毕业的学生只能当护士、师范专业的学生只想当老师，似乎这是理所当然的。其实，他们已然陷入思维定势的陷阱中，封闭了其他可能。机遇很少会按照你预定的方式到来，一旦顺从于自己的固定思维，不敢尝试其他领域，人就会被社会淘汰。

慎独者要善于打破思维定势，改变对自己的固有定位，进而不断提升自己，丰富人生的体验。为此，你要充分相信自己，始终对自己怀有希望。少有人能在一开始就找准自己的位置，人们都是在不断摸索中逐渐建立事业。敢想才能敢做，切勿在未努力之前就将自己封锁在“做不到”的牢笼中。